普通高等教育"十三五"规划教材

水力学实验

（新1版）

主　编　刘亚坤

副主编　崔　莉　张志强　艾丛芳　张　帝

中国水利水电出版社
www.waterpub.com.cn

内 容 提 要

本书为水力学实验教材，是1988年版《水力学实验》的第3版。全书共11章。包括绪论，水力要素的测量，水静力学，液体流动的基本原理，液体的流动形态及水头损失，明渠流动，闸、堰泄流，渗流，波浪运动，水泵，相似原理及水工模型设计方法。

本书可作为水利类各专业（水利水电工程、水文与水资源工程、港口航道与海岸工程、海洋工程、农业水利工程等）的水力学实验教材，也可作为其他相近专业（道路与桥梁工程、海洋资源开发技术、土木工程等）的实验教材或参考书。本书对于从事水利工程的工程技术人员也有一定的参考作用。

图书在版编目（ＣＩＰ）数据

水力学实验 / 刘亚坤主编. -- 新1版. -- 北京：
中国水利水电出版社，2019.1
普通高等教育"十三五"规划教材
ISBN 978-7-5170-7455-7

Ⅰ．①水… Ⅱ．①刘… Ⅲ．①水力实验－高等学校－
教材 Ⅳ．①TV131

中国版本图书馆CIP数据核字(2019)第031173号

书　　名	普通高等教育"十三五"规划教材 **水力学实验（新1版）** SHUILIXUE SHIYAN
作　　者	主 编　刘亚坤 副主编　崔　莉　张志强　艾丛芳　张　帝
出版发行	中国水利水电出版社 （北京市海淀区玉渊潭南路1号D座　100038） 网址：www.waterpub.com.cn E-mail：sales@waterpub.com.cn 电话：(010) 68367658（营销中心）
经　　售	北京科水图书销售中心（零售） 电话：(010) 88383994、63202643、68545874 全国各地新华书店和相关出版物销售网点
排　　版	中国水利水电出版社微机排版中心
印　　刷	天津嘉恒印务有限公司
规　　格	184mm×260mm　16开本　11.5印张　287千字
版　　次	2019年1月第1版　2019年1月第1次印刷
印　　数	0001—2000册
定　　价	**28.00元**

前　言

　　水力学是研究以水为主体的液体的平衡和运动规律及其工程应用的一门学科。对于工科院校的水利和土木工程类相关专业，如水利水电工程、水文与水资源工程、港口航道与海岸工程、海洋资源开发技术、海洋工程、农业水利工程、土木工程等，水力学是一门重要的技术基础课，而水力学实验又是水力学课程中一个不可或缺的重要教学环节。作为一名现代科学技术人才，不仅要全面掌握所需的理论知识，还必须具有一定的动手实践能力。因此，实验教学在培养研究型人才和应用型人才方面有着极其重要的作用。

　　随着现代实验技术和信息技术的快速发展，建立系统化和信息化的实验教学体系与实验方法，有着更为积极的意义。本书旨在通过对水力学实验理论、实验技术及实验数据计算机处理的全过程加以详尽的论述，使学生在掌握实验基本理论的基础上，建立现代的实验理念，培养分析问题与解决问题的能力，锻炼动手实验能力。同时，通过实验，深化学生对水力学专业知识的理解，达到能够基本掌握运用实验手段验证理论、认识规律、优化设计的目的。

　　本书的主要内容及结构体系承传了尚全夫、崔莉、王庆国编著的《水力学实验教程》（2007年由大连理工大学出版社出版），这次重编，我们注意吸收国内外教材以及科研成果的创新，使本教材具有较高的思想性、科学性、启发性、先进性和适用性。

　　全书涵盖了水静力学，液体流动，管流与摩阻，明渠，闸、堰泄流，渗流，波浪运动，水泵等基础理论。选编了25个实验，同时对实验目的、实验原理、实验步骤与方法、实验资料整理及实验报告要求等，系统地加以归纳，便于学生掌握和运用，并且还简要介绍了相似理论及模型设计方法。

　　本书由大连理工大学刘亚坤教授主编，马震岳教授审阅了全书。第0、第1、第9、第10章由刘亚坤编写；第2、第5、第6、第7章由张志强编写；第3章由崔莉编写；第4章由艾丛芳编写；第8章由张帝编写。大连理工大学水力学研究所的研究生为本书绘制了全部插图。

由于编者水平有限，本书的缺点和不足在所难免，敬请相关专家学者指正，也请同学们在学习和使用中对需要完善和补充的地方提出切实的意见。

编者

2018 年 10 月

目　录

第0章 绪 论

0.1 水力学实验的目的

水力学是一门应用性很强的技术学科，实验是研究技术学科非常重要的手段。现代水力学的蓬勃发展是和飞跃进步的现代实验技术分不开的。目前，水力学领域相关成果中，诸如各类经验公式、曲线等都是通过实验研究得出的。另外，由于液体运动的复杂性，至今还有很多与水力学相关的实际问题无法用理论公式或经验公式直接进行精确计算或分析，必须采用模型试验方法进行研究。因此水力学实验课是学习理论知识、探求水流运动规律、培养科学研究能力很重要的一环。

水力学实验课主要有以下目的。

（1）观察水流现象，扩大感性认识，为提高理性分析能力打下基础。

（2）理论联系实际，验证水流运动的基本规律，确定某些公式中的待定系数，在实验中学习水力学基本知识。

（3）学会使用水力学实验的基本测量仪器，掌握一定的实验技术，培养动手能力。

（4）培养分析实验数据、整理实验结果及编写实验报告的能力。

（5）培养严谨踏实的科学作风，为进行科学研究打下基础。

0.2 实 验 要 求

（1）认真对待每一个实验，严格遵守实验课堂纪律。

（2）实验前应进行充分预习，了解实验目的和要求，熟悉实验原理、实验设备以及操作方法。

（3）正式开始实验前，应充分做好实验前的准备，包括了解实验设备的结构，检查接线，弄清楚实验步骤以及要求。

（4）同组成员间相互配合，认真观察实验现象并仔细记录相关数据，完成全部实验内容。

（5）爱护实验设备，实验过程中小心操作，轻拿轻放，防止损坏。

（6）保持环境卫生，实验结束后关闭电源，将仪器设备恢复原状。

（7）实验过程中注意安全。

0.3 实 验 报 告 要 求

（1）实验报告一般应包括以下内容。

1）班级、姓名、同组人、实验日期。

2）实验名称。

3）实验目的与要求。

4）设备简图。

5）水流现象的描述及实验原始数据的记录。

6）计算有关结果（在水力学实验中，用计算器计算即足够精确，但须注意有效数字的运算法则），并将所用公式明确列出。

7）结果的表示：在实验中除根据测得的数据整理并计算实验结果外，一般还要采用图表或曲线来表达实验的结果。曲线均应绘在方格纸上。图中应注明坐标轴所代表的物理量及比例尺。实验的坐标点应当用记号标出。例如"×""。""△""·"等。当连接曲线时，不要用直线逐点连成折线，应当根据多数点所在的位置，描绘出光滑的曲线。图 0.1（a）所示为错误的描法，图 0.1（b）所示为正确的描法。

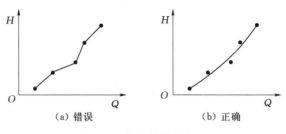

(a) 错误　　　　　　(b) 正确

图 0.1　实验结果的表达

8）在报告最后部分应当对实验结果进行分析和评价，对误差加以分析，说明本实验的优缺点，写出心得体会，并回答老师指定的思考题。

9）实验前必须进行充分预习，如有要求（作业和计算）应将预习报告一并上交。

（2）实验报告必须按要求每人独立完成一份，并按规定时间上交，要求文字通顺，字迹清楚，表格曲线必须使用相应器具绘制，线条要清楚、整洁，按一定的比例绘制，计算无误。

（3）实验报告应妥善保管，老师批改发回后应认真阅读，及时改正错误，学期结束时整理上交，作为考核依据。

第1章 水力要素的测量

1.1 概　述

在水力学的研究中，对各种水力要素的测量与分析是很重要的。水力学学科和现代实验技术的不断发展，进一步促进了现代力学的蓬勃发展。

在水力学实验中，经常需要测量的物理量有水位、流量、流速、流向及压强等。本章介绍这些物理量的测量原理和基本方法。

测量方法可分为直接法和间接法。直接法就是根据被测物理量的基本定义，由测量数据直接决定该物理量的大小。例如，对恒定水位的测量，可把测尺插入水中，读出水面读数便可。间接法就是用测量的数据，经过一定的函数关系进行换算得到所求的物理量。例如，在测量经过某一断面的水量及经过的时间之后，用两者的商可计算出流量。另外，间接法还包括非电量的电测法、光学法等。

用来测量的仪器可分为动态与静态两种。静态测量仪器可用以测量流体各要素的时均值，动态仪器可以测量流体的瞬时值，如流速、水位和压强等随时间变化的值。

1.2 基本物理量的计算

1.2.1 质量密度

单位体积液体所具有的质量称为液体的质量密度，简称密度。对均质液体：

$$\rho = \frac{m}{V} \tag{1.1}$$

式中　ρ——密度，kg/m^3；

m——液体的质量，kg；

V——液体的体积，m^3。

1.2.2 重量密度

单位体积液体所具有的重量称为液体的重量密度，简称重度或容重。对均质液体：

$$\gamma = \frac{G}{V} \tag{1.2}$$

式中　γ——重度，N/m^3；

G——液体产生的重力，N；

V——该液体所占有的体积，m^3。

重度与密度的关系为

$$\gamma = \rho g \tag{1.3}$$

式中　g——重力加速度，取 $9.80m/s^2$。

1.2.3　相对密度（比重）

液体的重量与和它同体积的 4℃ 的蒸馏水的重量之比称为相对密度，也称比重。相对密度是量纲为 1 的量，用 s 表示，即

$$s = \frac{\gamma}{\gamma_w} = \frac{\rho}{\rho_w} \tag{1.4}$$

式中　γ_w、ρ_w——4℃ 时水的重度与密度。

1.2.4　容重

液体的容重常常用比重计（图 1.1）测定。把比重计置于盛有所测液体的容器中，由于其下部装有重物，它将铅直地浮在液体中。比重计标尺上位于液面的刻度数，就指示出液体的容重或密度的数值。

液体的容重也可用一种较简单的方法测定，就是把所测液体和已知容重的液体分别注入互相连通的两个弯管里，如图 1.2 所示，使两液面在中间弯管中处于同一水平面上。此未知的容重 γ_1 就可以用已知的容重 γ_2 表示：

$$\gamma_1 = \frac{h_2}{h_1} \gamma_2 \tag{1.5}$$

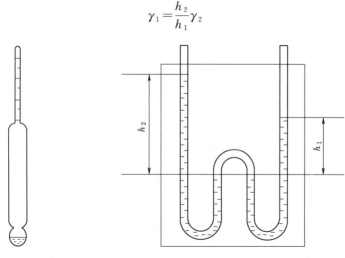

图 1.1　比重计　　　　　　　图 1.2　容重的测量

1.2.5　黏滞性

液体具有流动性，流动状态下液体各流层之间可产生内摩擦力以抵抗剪切变形，使各层流速不同，这种特性就是黏滞性。

在液体做层流运动时，互相接触的液层之间产生的剪切应力为

$$\tau = \mu \frac{\mathrm{d}u}{\mathrm{d}y} \tag{1.6}$$

式中　μ——比例常数，通常称为液体的动力黏滞系数（也称黏滞系数），其大小与液体的种类和温度有关。在国际单位制中，单位为 N·s/m²，即 Pa·s。

动力黏滞系数 μ 与液体密度 ρ 之比，称为运动黏滞系数：

$$\upsilon = \frac{\mu}{\rho} \tag{1.7}$$

在国际单位制中，υ 的单位为 m²/s。

水的运动黏滞系数可按式（1.8）计算：

$$\upsilon = \frac{0.01775 \times 10^{-4}}{1 + 0.0337t + 0.000221t^2} (\text{m}^2/\text{s})$$ (1.8)

水的运动黏滞系数 υ、动力黏滞系数 μ 与温度的关系见表 1.1。

表 1.1　　　水的运动黏滞系数 υ、动力黏滞系数 μ 与温度关系表

温度/℃	$\mu/(10^{-3}\text{N}\cdot\text{s/m}^2)$	$\upsilon/(10^{-6}\text{m}^2/\text{s})$	温度/℃	$\mu/(10^{-3}\text{N}\cdot\text{s/m}^2)$	$\upsilon/(10^{-6}\text{m}^2/\text{s})$
0	1.792	1.792	38	0.681	0.686
1	1.731	1.731	39	0.668	0.673
2	1.673	1.673	40	0.656	0.661
3	1.619	1.619	41	0.644	0.649
4	1.567	1.567	42	0.632	0.637
5	1.519	1.519	43	0.621	0.627
6	1.473	1.473	44	0.610	0.616
7	1.428	1.428	45	0.599	0.605
8	1.386	1.386	46	0.588	0.594
9	1.346	1.346	47	0.578	0.584
10	1.308	1.308	48	0.568	0.574
11	1.271	1.271	49	0.559	0.565
12	1.236	1.237	50	0.549	0.556
13	1.203	1.204	52	0.532	0.539
14	1.171	1.172	54	0.515	0.522
15	1.140	1.141	56	0.499	0.506
16	1.111	1.112	58	0.483	0.491
17	1.083	1.084	60	0.469	0.477
18	1.056	1.057	62	0.455	0.463
19	1.030	1.032	64	0.442	0.451
20	1.005	1.007	66	0.429	0.436
21	0.981	0.983	68	0.417	0.426
22	0.958	0.960	70	0.406	0.415
23	0.936	0.938	72	0.395	0.404
24	0.914	0.917	74	0.385	0.395
25	0.894	0.897	76	0.375	0.385
26	0.874	0.877	78	0.366	0.376
27	0.855	0.858	80	0.357	0.367
28	0.836	0.839	82	0.348	0.358
29	0.818	0.821	84	0.339	0.350
30	0.801	0.804	86	0.331	0.342
31	0.784	0.788	88	0.324	0.335
32	0.768	0.772	90	0.317	0.328
33	0.752	0.756	92	0.310	0.322
34	0.737	0.741	94	0.303	0.315
35	0.723	0.727	96	0.296	0.308
36	0.709	0.713	98	0.290	0.302
37	0.695	0.700	100	0.284	0.295

1.3 水 位 测 量

在水力学实验和科研中，水位是必不可少的要素，因此经常需要测量水位。随着水流运动状态以及所处环境的不同，水流表面的特性也有区别，测量时应针对不同的特点来选取最合适的测量仪器和测量方法。

1.3.1 测尺法

直接用标尺插入水中测取水位读数的方法称为测尺法。由于表面张力以及水面波动的影响，此法精度较低。但由于该方法简单、直接，水库或码头等常用此法显示水位的涨落情况。

1.3.2 测针法

图 1.3 所示为一种常用国产测针的结构图。其上部为测杆，下部为测针，测杆后面装有齿条，靠转动齿轮带动，测杆表面附有标尺来进行测读。测针尖有针形或弯钩形两种形式，如图 1.4 所示，测量时可在拟测水位处固定测针架，也可以用一支测针筒将水引出，把测针装在筒上测量。测针装置要铅直安装并且要求稳固。使用针形测针时将测针逐渐下放，直至针尖刚好触及它在液面的倒影。弯钩形测针精度较高，使用这种测针时，应把它浸入液体之中，并逐渐上提直到钩尖恰好接触液面。

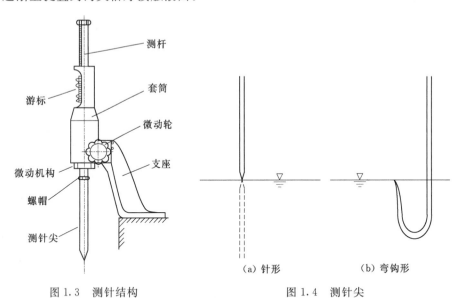

图 1.3　测针结构　　　　　　　　图 1.4　测针尖

需要多点测量时可将测针安装在活动测针架上以便左右移动和沿导轨来回滑动，可测出任意断面处的水位和水深。测杆上带有的刻度通常以毫米为最小分度。在杆套上附有游标，其读数精度为 0.1mm。

测量水面有波动的水位时，通常采用以下两种方法。

(1) 测量几次高水位，读数为 a_1，a_2，…，a_n，平均值为 a；测量几次低水位，读数为 b_1，b_2，…，b_n，平均值为 b，则平均水位为 $\dfrac{a+b}{2}$。

(2) 用一支直径为 5～6cm 的玻璃筒，与待测点连接成连通管，可消除水面波动，直接用测针测量玻璃管内的水位。

使用测针时，向下驱动测杆应多加小心，以免用力过猛，针尖触底而弯曲。测针针尖不要过于尖锐，尖头大小以半径为 0.25mm 为准，并需要经常检查测针有无松动，零点有无变动。

1.3.3 测压管法

在液体容器的侧壁上开一个小孔，安装一个测嘴，外接透明玻璃管，如图 1.5 所示，由连通器原理可知，玻璃管内水位必将与容器内部水位同高。在测压管旁安装标尺便可读出容器内的水位。要注意的是，玻璃管不宜太细，内径大于 10mm 为宜，以免由于毛细现象及表面张力的影响使读数不准。

上述方法多用于恒定流动水位的测量。随着现代科学技术的发展，测量随时间而变化的水位的方法越来越多，下面介绍几种目前较为先进的仪器。

1.3.4 水位仪

1. 跟踪式水位仪

跟踪式水位仪有测点多、可同步、自动测量等优点；如与数字显示器、记录仪或打印机配套使用，又有节省人力，使用方便等优点，一般实验室均可配备。图 1.6 所示为跟踪式水位仪工作原理示意图。跟踪式水位仪的传感器是两根不锈钢探针，较长一根插入水下，较短一根没入水中 0.5～1.5mm。当探针相对水面不动时，两针之间的水电阻是不变的。水电阻接入测量电桥的一个桥臂，这时电桥是平衡的，无信号输出。当水位上升（或下降）时，水电阻增大（或减小）则电桥失去平衡，因此有信号输出。输出信号经放大器放大后驱动可逆电机。电机的旋转通过齿轮 2、齿轮 1、丝杆、螺母、连杆等变成探针的上下移动，驱动探针又回归到平衡位置。此时电桥恢复平衡，没有输出，电机停止转动，达到了自动跟踪水位的目的。

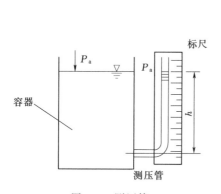
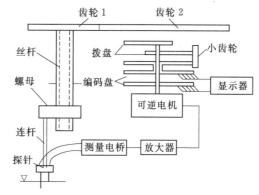

图 1.5 测压管　　　　　　　　　图 1.6 跟踪式水位仪工作原理示意图

利用这种仪器可以测记各种波动情况下的水位变化。但由于仪器传动部分中的惯性还不能完全消除，对水位变动较快的情况仍不能很好地跟踪。

目前，国产跟踪式水位仪最大速度为 5.5mm/s，最大跟踪距离为 2000mm，实验室常用的跟踪式水位仪有跟踪最大距离为 400mm 与 200mm 两种，读数误差为 ±0.1mm。一般用于明渠水位的测量。

2. 探测式水位仪

由于跟踪式水位仪把电阻作为测量电桥的一个臂，无法摆脱水温和水质变化带来的电桥输出漂移。为克服这一缺点，数字编码探测式水位仪应运而生。这种水位仪和自动跟踪式水位仪的转动、编码、输出均无差别，只是传感器系统不同，如图 1.7 所示。传感系统由探针、双稳触发器、延时电路、继电器 J_1 和 J_2 组成。当探针在水面以上时，R_1 使双稳触发器输入端处于低电位，双稳触发器保持"0"态，继电器 J_1 触点断开，J_2 接通，使可逆电机顺时针转动，经齿轮、丝杆带动探针向下。一旦探针接触水面，R_1 又使双稳触发器输入端处于高电位，由于反馈电阻 R_3 使触发器反转为"1"态，继电器 J_2 触点断开。J_1 由于延时电路的作用，仍处于断开状态，电机停转，数字显示器显示水位读数，经过一段延时后，继电器 J_1 被吸合，电机则逆时针转动，探针上移脱出水面，双稳触发器返回"0"，探针又向下移动，实现了对水位的反复跟踪。

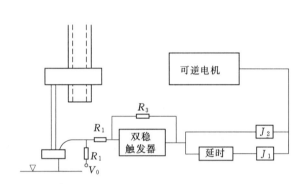

图 1.7　数字编码探测式水位仪结构示意图　　　图 1.8　电路输入端波形图

3. 振动式水位仪

振动式水位仪的转动、编码、输出等与跟踪式水位仪和探测式水位仪相同，区别只是传感系统不同。传感器振动头的短针以 50Hz 的频率在水面上下振动。在平衡位置时，短针触水时间与脱水时间相等。电路输入端形成一个占空比为 1、周期为 1/50s 的方波，其波形如图 1.8 的 A 所示，此时电机不动，振动头也静止不动。

当水面上升时，短针触水时间多于脱水时间，电路输入端波形如图 1.8 的 B 所示，经整形、滤波、功放后驱动电机，再经齿轮、丝杆等传动机构带动振动头上升，使之回到平衡位置。当水面下降时则相反，其波形如图 1.8 的 C 所示。

振动式水位仪由于传感器短针的触水与脱水相当于电路的开与关，因此仪器的工作不受水温、水质的变化影响。

1.3.5　水位计

1. 钽丝水位计

钽丝水位计的传感器是利用电容的转换原理制成的。由钽丝、氧化膜和水构成一个电容器，水面上下变动时电容量随浸水深度呈线性变化，整机的电流或电压输出亦随此电容量呈线性变化，将电流或电压送到记录仪器。测量系统的流程如图 1.9 所示。

传感器的长短，可根据被测对象，例

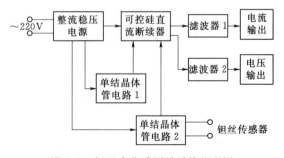

图 1.9　钽丝水位计测量系统流程图

如波浪的波高范围而选择大、中、小不同型号，形状似一弓形。钽丝的直径为 0.4～1.0mm，其表面经过一定的工艺处理后形成一层氧化钽薄膜。在一定的条件下此薄膜不导电。金属杆为铜质，杆与钽丝之间用绝缘块绝缘，将直流电源的负极连于金属杆，正极连于钽丝。当传感器放入水中后，钽丝与水体就形成了电容的两极，氧化钽薄膜形成了两极间的绝缘体，其电容 C 与水深 h 的关系为

$$C = Kh \tag{1.9}$$

使用时可将电容的变化转换为电流的变化送入示波器，以示波图形式记录下来。这样水深与光点偏移的关系为

$$h = K\lambda \tag{1.10}$$

式中　K——率定系数，由实验获得；

　　　λ——光点偏移。

利用钽丝水位计及相应的电路能够较完满地测记各种水面变化，其最大误差约为 0.5mm，多用于波浪的测量。

2. 压力式水位计

压力式水位计的传感器是利用单晶硅的压阻效应，用集成工艺制造 4 个等值应变电阻组成惠斯登测量电桥，由于半导体单晶硅材料对温度较敏感，随着半导体技术的发展，现在的集成化压力式水位传感器是将惠斯登测量电桥、电压放大器（差动放大器）和温度补偿电路集成在一起，如图 1.10 所示。

测量时将传感器安装在水下某一高程位置，用电缆线和地面上的二次仪表连接，计算机系统可连续测量水位变化过程。压力传感器是硅横向压阻式的，传感器背景压力是大气压力。为了保证它是大气压力，在传感器的背后，安装一根塑料管，塑料管的另一端与大气相通。因此，压力传感器可以在水下操作。

用压力式水位计测量静水压力时，必须对传感器进行调零。压力式水位计的特点是灵敏度高、稳定性好、测量点数多和动态性好。

3. 超声波水位计

超声波水位计传感器利用测定超声波反射传播时间确定距离的原理制成。如图 1.11 所示为非接触式超声波水位传感器工作原理图。传感器向水面发射超声波，到达水面反射后又

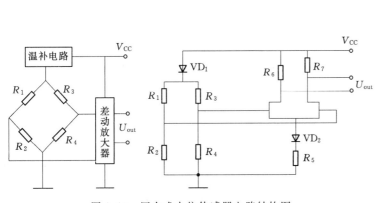

图 1.10　压力式水位传感器电路结构图

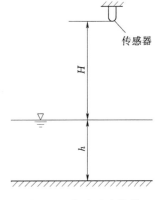

图 1.11　超声波水位传感器工作原理

传回传感器，从发射到接收之间有一个时间差 Δt，可由式（1.11）计算传感器至水面的距离：

$$H = 0.5c\Delta t \tag{1.11}$$

式中　c——超声波的传播速度。

知道 H 后即可利用传感器的安装位置距槽底的距离确定出水深 h。

1.4　压　强　测　量

1.4.1　恒定流动压强测量方法

1. 金属压力表

图 1.12 所示为压力表外形，有只可测正压的压力表，也有既可测正压又可测负压的真空压力表，它们都是利用弹性金属受压变形的特性来测量压强的。通常压力表内装有一根一端开口，一端封闭的镰刀形、截面成椭圆形的黄铜管或不锈钢管，开口端通过短管与被测压强的液体相接通，封闭端有传动装置与压力表表面的指针相连，如图 1.13 所示。测量时，黄铜管在液体压力作用下发生伸张，牵动指针，把液体的相对压强（表压力）在表面读数盘上指示出来。点 A 的压强由式（1.12）算出：

$$p_A = 压力表读数 \pm \gamma z \tag{1.12}$$

式中　z——表头至被测点的距离，表在点 A 下方取"$-$"号。

测量较大压强时，可用金属压力表。其优点是携带方便，装置简单，量程较大。

2. 测压管

测压管是一根内径为 1cm 左右的玻璃管，上端开口与大气相通，下端与被测液体相连，如图 1.14 所示。测压管旁边可附一把直尺或坐标纸，由被测点算起的测压管内水面高度就代表该点的相对压强。

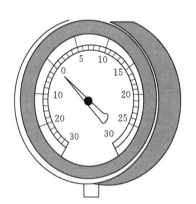
图 1.12　压力表

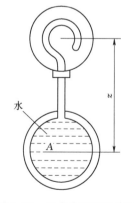
图 1.13　压力表测量示意图

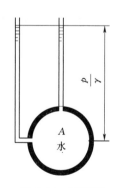
图 1.14　测压管

当压强很大时，需要很长的测压管，使用起来很不方便，这时常用金属压力表或用水银 U 形管测量。

当压强很小时，由于读数精度不够，误差较大，往往要用斜测压管测量，如图 1.15 所示。

$$p_A = \gamma l \sin\alpha \tag{1.13}$$

测压管的读数以液面凹面最低处为准，读数准确度为 0.5mm。

使用测压管测量真空度时，其测量装置如图 1.16 所示。将测压管倒置于开口容器中，测压管中液面的高度 h_v，即为该点的真空度。较大的真空度要用金属真空表测量。

3.U 形压力计

用一个 U 形管，内装有与被测液体不混掺的液体，根据 U 形管内液面的位置应用等压面原理换算出被测点的压强。如图 1.17 所示的 U 形管内装有水银，容器内液体为水，水银面高差为 h_p，则

$$p_A = \gamma_m h_p - \gamma h_A \tag{1.14}$$

式中 γ_m——水银的容重。

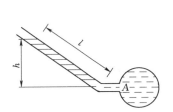

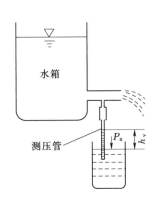

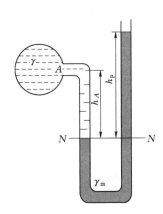

图 1.15 斜测压管　　　图 1.16 测量真空度的装置　　　图 1.17 装有水银的 U 形管

当被测点压强较大时，U 形管内的液体应采用

$$\gamma_m > \gamma_{水}$$

当被测点压强较小时，U 形管内的液体应采用

$$\gamma_m < \gamma_{水}$$

4. 压差计（比压计）

在许多情况下，需要测量两点压差或测压管水头差，这时可用压差计。图 1.18 所示为水银压差计。水银压差计弯管内装有水银，两端分别与被测点 A、B 相连，A、B 均为水，管内水银液面差为 Δh_p。由图 1.18 可知，$M—N$ 为等压面，因此 $p_N = p_M$。

$$p_B + \gamma(\Delta z + x) + \gamma_m \Delta h_p = p_A + \gamma(x + \Delta h_p)$$

整理简化为

$$\left(z_A + \frac{p_A}{\gamma}\right) - \left(z_B + \frac{p_B}{\gamma}\right) = \left(\frac{\gamma_m}{\gamma} - 1\right)\Delta h_p \tag{1.15}$$

由于 U 形管内液体为水银，则式（1.15）可写为

$$\left(z_A + \frac{p_A}{\gamma}\right) - \left(z_B + \frac{p_B}{\gamma}\right) = 12.6\Delta h_p$$

式中 Δh_p 由水银压差计上测出。若 $z_A - z_B = -\Delta z$ 已知，可求得

$$p_A - p_B = \gamma(12.6\Delta h_p + \Delta z) \tag{1.16}$$

若所测的压强差很小，则可采用较轻的液体代替水

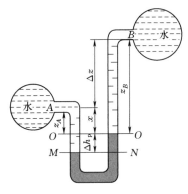

图 1.18 水银压差计

11

银，但这时 U 形管需倒置，或倾斜安置压差计。

在应用测压管、压力计及压差计时，应注意以下几点。

（1）通常在实验室内均在拟测压强处边壁上开孔，叫测压孔，测压孔应严格垂直于管壁并保证周围无毛刺，以免影响水流。

（2）测压孔深 h 与孔径 d 应满足 $d=0.5\sim1.0\text{mm}$ 及相对深度 $h/d>3$。

（3）测压管应满足直径大于 10 mm，以避免由于毛细现象所引起的误差。

（4）压力计及压差计中的液体应具备下列条件：不黏管壁；使管内液面清晰易读；与所测液体接触后不致混合；对管壁及所接触物体不腐蚀；温度变化时其容重变化不大；化学性能稳定，不易蒸发。根据上述要求可按表 1.2 选用。

表 1.2　　　　　　　　压 差 计 液 体 选 用

物质	分子式	相对密度	物质	分子式	相对密度
汞	Hg	13.6	四溴乙烷	$CHBr_2CHBr_2$	2.98
三溴甲烷	$CHBr_3$	2.90	1—氯萘	$C_{10}H_7Cl$	1.20
氯乙酸乙酯	$CH_2ClCOOC_2H_5$	1.16	水	H_2O	1.0
甲苯	$C_6H_5CH_3$	0.87	煤油	—	0.81
乙醇	C_2H_5OH	0.79	汽油	—	0.74
四氯化碳	CCl_4	$1.593\sim1.596$			

在使用测压管、压力计及压差计时，必须先进行校正，例如压差计必须使其左右两测管的液面在同一水平面上。如果两液面不在同一水平面上，可能由于下述几种原因造成。

（1）压差计不正，发现侧倾现象，则需调正。

（2）连接测压孔的橡皮管内有气泡。由于气泡在橡皮管内占据了一部分水的体积，气体的比重远比水小，因而 U 形管中有气泡的一面要高于另一管的液面。同时，气体的存在还破坏了液体的连续性，使橡皮管不能正确地传递测压点的压力。为了排除橡皮管中的气泡，可以将连接 U 形管的橡皮管拆下，让气泡随水淌出，2～3 min 后接上，再检查。

（3）U 形管左右两管管径不同。由于管径粗细不一、表面张力影响不同而使两管液面不在同一水平面上，这时要将两管换成同一内径的玻璃管以消除表面张力的影响。

（4）橡皮管发生局部扭折。橡皮管太长时，往往容易发生局部挤压扭折，使橡皮管局部压力增加，进而使左右两管液面不齐平。要消除此影响只需将橡皮管理顺即可。

1.4.2　压强瞬时值的测量

瞬时值的测量可采用非电量的电测法，即将脉动压强通过压力传感器转变为各种电学量，如电平、电流、电容、电感等。再通过滤波放大和 A/D 转换，得到脉动压力数据。然后通过计算机对数据进行处理和分析，求出压强。

1. 电阻式压力传感器

电阻式压力传感器是一种结构简单、使用方便的传感器。其工作原理是电阻应变片上的金属丝受力变形时本身的电阻发生变化，其变形大小与所受的作用力有一定的关系。只要事先标定出电阻值变化大小与被测非电量的关系曲线，就可根据测得的电阻变化值，求出被测压强的大小。

这种传感器的构造如图 1.19 所示，将两片直径为 0.02～0.04mm 的电阻丝片（1）、

（2）贴在悬臂式钢片或磷铜片的两侧，电阻丝片在外力 P 的作用下发生变形，根据这一现象可找出变形与外力的关系：

$$P = K\lambda \qquad (1.17)$$

式中　P——压力；

　　　λ——应变值；

　　　K——率定系数，由实验测出。

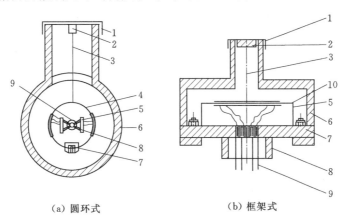

图 1.19　电阻式压力传感器

传感器可根据需要做成圆环式或框架式，如图 1.20 所示。

图 1.20　电阻式压力传感器的形式

（a）圆环式　　　　　　　（b）框架式

1—橡胶模；2—承压帽；3—传力杆；4—圆环；5—应变片；6—外壳；7—支座；
8—接线架；9—出线管；10—钢架

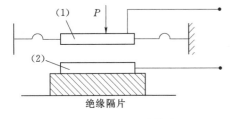

图 1.21　电容式压力传感器

2. 电容式压力传感器

图 1.21 所示为一种电容式压力传感器的构造原理图，在压力 P 的作用下，（1）、（2）两板间的距离发生变化，使两板间的电容改变，测量电容改变的大小及变化过程，便可相应地得出压力 P 的大小以及压力随时间的变化特性。

1.5　流　速　测　量

1.5.1　流速值的测量

1. 浮标法

将比重较小的纸片、软木块、蜡块或铝粉等放在水流中，使其随水漂浮。并且每经过一定时间间隔，连续测记它们的位置或拍摄它们的轨迹，这样即可测出表面流速 v_s，然后根据 v_s 可以求出垂线平均流速 v_m。此法用于河流和实验水槽，但是，水面浮标易受风影响，并且表面流速和平均流速的关系因受各种因素影响亦容易变化，故此法精度低。

若表面流速为 v_s，垂线平均流速为 v_m，其比值 v_m/v_s 随河宽、水深、粗糙系数等而不同，一般可取 0.7～0.9。根据实测资料分析，若令 B 为水面宽度，H 为平均水深，则 v_m/v_s 比值见表 1.3。

表 1.3　　　　　　　　　　　　不同 B/H 下的 v_m/v_s 比值

B/H	v_m/v_s	B/H	v_m/v_s	B/H	v_m/v_s	B/H	v_m/v_s
5	0.98	15	0.92	30	0.87	50	0.84
10	0.95	20	0.90	40	0.85	100	0.83

在测量水流内部各点的流速时，可在水中放入比重为 1.0 的小液滴或固体颗粒，从侧面或顶部进行摄影，然后对底片进行分析，即可得出流场内的流速分布。

2. 毕托管

(1) 毕托管是一根弯成直角的细管，如图 1.22 所示。它的开口端 1 正对水流的方向，另一开口端 2 与测压管相连。流速计算公式为

$$v = \sqrt{2g\frac{(p - p_0)}{\gamma}} = \sqrt{2gH} \qquad (1.18)$$

式中　v——测量的流速；

　　　p——测压点处毕托管的总压力；

　　　p_0——测点处的静压力。

在用毕托管测定管路某给定断面液流的流速时，其安装方法应如图 1.23 所示。毕托管穿过压盖，此压盖可将毕托管置于该液流断面上任意点处。沿毕托管开口端在垂直于管部轴线的平面上把管壁钻出 5～10 个直径为 0.2～0.3cm 的小孔，用一个环形的专用套环把这些孔彼此连通。毕托管及套环的管接头皆与测压计相连，这样就可以通过毕托管测得总水头，通过管接头得到测压管水头。

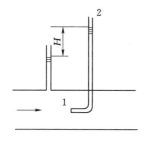

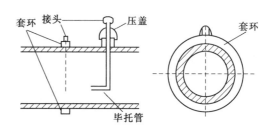

图 1.22　毕托管　　　　　　　　　图 1.23　毕托管安装方法

(2) 改良的毕托管——普兰特毕托管。上述方法主要用于小直径管路及测量管壁附近处的流速。对于直径较大的管路，多用改良的毕托管。如图 1.24 所示，它是由两个小管所组成，其中内管把总水头传到压差计的一个管里，由外管侧壁上的切口（或孔），经环形空间及其连接管把测压管水头传到压差计另一管中。根据压差计中两管的液面差即可确定该点处的流速：

$$v = \varphi\sqrt{2gH} \qquad (1.19)$$

式中　H——压差计两管中的液面差；

　　　φ——由实验方法测出的修正系数，出厂时，说明书上给有 φ 值，毕托管使用过久，

　　　　φ 值应重新进行标定。

毕托管在明槽与管路中均可应用。可以测量大的流速，不适用于测量 15 cm/s 以下的流速。因为流速太小时，流速水头很小，相对误差就大。例如流速为 14cm/s 时，其速度水头为 0.1cm，而斜压差计读数的目测准确度为 ±0.05cm，即误差可达 50%，这是不符合精度要求的。

水流的流速很大时，水流中容易掺气，当气泡进入动压管时，毕托管测量值就不准确。另外，当流速很大时，会使毕托管发生颤动。一般毕托管的测量范围为 0.15～2.0m/s。用柱形毕托管进行测速，其最大流速可达 6m/s。

因此，流速很大和很小时都必须采用专门的仪器。

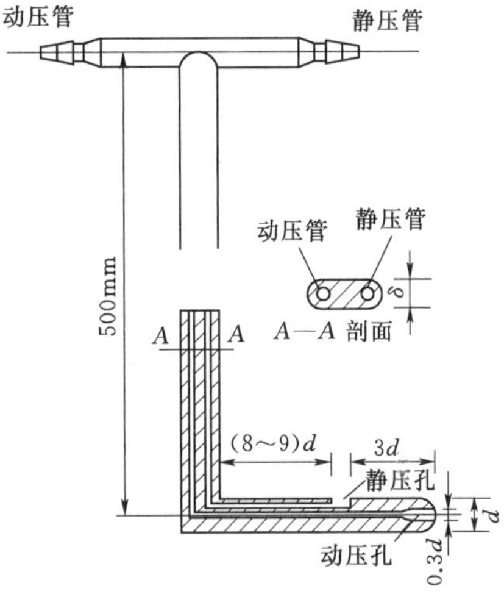

图 1.24 普兰特毕托管

3. 旋桨式光电流速仪

旋桨式光电流速仪（图 1.25）有一可旋转的叶片，受到水流冲击后其转速与水流速度有一定的关系。该流速仪主要由光电旋桨式传感器和计数器两部分组成。光电式传感器的旋桨叶片边缘上贴有反光镜片，传感器上端安装一发光源，经光导纤维传至旋桨处，旋桨转动时，反光镜片产生反射光，经另一组光导纤维传送至光敏三极管，转换成电脉冲信号，由计数器记数。经仪器的简单计算后，可直接显示出流速值。测速范围为 1～300cm/s（有关测速原理及使用方法详见实验 5.1.2）。

4. 电阻式流速仪

如图 1.26 所示，当水流作用到金属杆上时，金属杆将发生弹性变形。设法测出金属杆弹性变形的大小，即可根据应力-应变关系求出水流流速的大小，若与光线示波仪配套使用，可将这种变化记录下来，则流速由式（1.20）算出：

$$v = K\lambda \tag{1.20}$$

式中　v——流速；

　　　λ——示波器光点的偏移；

　　　K——率定系数，应由实验给出。

金属杆的弹性变形由电阻应变片来测量。

图 1.25　旋桨式光电流速仪

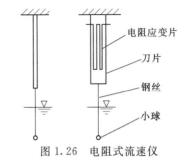

图 1.26　电阻式流速仪

5. 热阻（热线）式流速仪

热阻（热线）式流速仪的工作原理是利用热电阻传感器的热损失来测量流速，是以热平衡为基础的，在流场中由电流加热的敏感元件产生的热量应等于热耗散（流体流动所带走的热量）。测量时将传感器置于流场中，流体使其冷却，利用传感器的瞬时热损失来测出流场的瞬时速度。由于水流速度的改变，将从发热敏感元件上带走不同的热量，破坏了热平衡，使发热敏感元件的温度改变，并引起电阻值的改变。通过测量电阻值的变化量，即可计算出流体的流速。热阻（热线）式流速仪传感器示意图如图 1.27 所示。

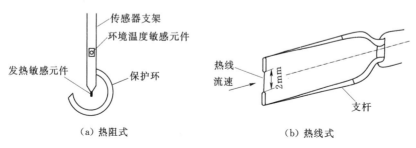

（a）热阻式　　　　　　　　　　　（b）热线式

图 1.27　热阻（热线）式流速仪

热阻式流速仪测量范围一般为 0.05～2m/s，响应时间不大于 30s，误差不大于 ±5%。

6. 电磁流速仪

电磁流速仪是一种可以测量导电流体流速的仪器，它是根据法拉第电磁感应定律进行工作的。电磁流速仪的测速原理如图 1.28 所示。

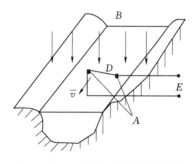

图 1.28　电磁流速仪测速原理图

在与被测水流断面和磁力线相垂直的水流两边安装一对距离为 D 的检测电极。当水流以流速 $\bar{v}$ 流动时，水流切割磁力线产生感应电动势 E。E 由 2 个检测电极检出，数值大小与流速成正比，即

$$E = KBD\bar{v} \tag{1.21}$$

式中　B——磁场强度；

　　　$\bar{v}$——水流断面平均流速；

　　　K——率定系数，应由实验给出。

由公式可知，已知 D 和外加磁场 B，测得感应电动势 E，由经过率定的系数 K 即可计算出流速。

电磁流速仪由传感器和控制测量仪组成，在贴近传感器的表面产生人造磁场，测量感应电动势的电极出露在磁场内，测量流速；控制部分通过传感器部分测得两极间的感应电动势，换算成流速，并通过标准接口输出，用于与遥测终端或 PC 机通信传输。

7. 声学多普勒流速仪

声学多普勒流速仪能直接测量三维流速，对水流干扰小、测量精度高、无需率定、操作简便。其测量原理，就是通过发射换能器产生超声波，以一定的方式穿过流动的流体，通过接收换能器转换成电信号，并根据多普勒频移原理计算出相应的二维或三维流速分量，从而得到流速和流向。

利用压电晶体的逆压电效应制作超声发射探头，向水中发射超声波，利用压电晶体的压电效应制作接收探头，接收水中微粒散射回来的超声波，利用声学多普勒效应来测量水流速度，如图 1.29 所示。

图中 k_1 为发射探头，k_1' 为接收探头，两者均固定不动。当 k_1 以频率 f_1 波长 λ 向水中

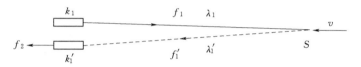

图 1.29 声学多普勒流速仪工作原理图

发射超声波，遇水中微粒 S 以流速 v 向 k_1、k_1' 运动时，被微粒散射的频率为

$$f_1' = \frac{c+v}{c} f_1 \tag{1.22}$$

接收探头 k_1 接收到的频率为

$$f_2 = \left(\frac{c}{c-v}\right) f_1' = \left(\frac{c}{c-v}\right)\left(\frac{c+v}{c}\right) f_1 = \frac{c+v}{c-v} f_1 \tag{1.23}$$

多普勒频移 f_D 为接收超声频率 f_2 和发射超声频率 f_1 之差，即

$$f_D = f_2 - f_1 = \frac{c+v}{c-v} f_1 - f_1 = \frac{2v}{c-v} f_1 \tag{1.24}$$

因超声波速度 c 远大于水流速度 v，式（1.24）可简化为

$$f_D = \frac{2f_1}{c} v = kv \tag{1.25}$$

式中　$k = \dfrac{2f_1}{c}$，当 f_1 和 c 一定时，k 为常数。

只要测得频移 f_D 再乘以 k 即可求得流速。

声学多普勒流速仪的传感器一般由 3 个 10MHz 的接收探头和一个发射探头组成，3 个接收探头分布在发射探头轴线周围，它们之间的夹角为 120°，接收探头与采样体的连线与发射探头轴线之间的夹角为 30°，采样体位于探头下方 5cm 或 10cm，这样基本可以消除探头对水流的干扰，图 1.30 为超声多普勒流速仪传感器工作原理图。

8. 激光测速仪

与传统的测量方法比较，应用激光测量流速具有对所测流场无干扰、空间分辨率高（被测点体积只有 0.001mm³）、精度高、动态响应快、测速范围广等许多优点。近年来已得到较广泛的应用。

激光测速的基本原理是：当激光照射到跟随流体一起运动的固体微粒时，激光就被运动着的微粒所散射。散射光频率和入射光频率的差值正比于微粒的速度，如果测出该频率差，就可以算出微粒所代表的流体速度。公式为

$$u = \frac{\lambda f}{2\sin\dfrac{\theta}{2}} \tag{1.26}$$

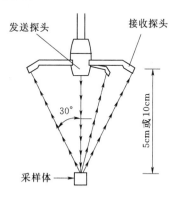

图 1.30　超声多普勒流速仪传感器工作原理图

式中　λ——激光波长；

　　　f——频率差；

　　　θ——两光束夹角。

激光测速仪的主要组成部分为激光器、发射光系统和接收光系统以及信号采集与数据处

理系统，如图 1.31 所示。

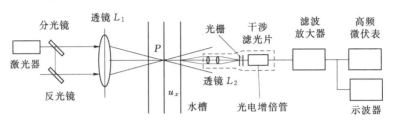

图 1.31　激光测速仪原理图

激光流速仪可以用于气体或透明液体速度的测量，测速范围最高可超过 1000m/s，最低已达 0.5mm/s 量级。该测速仪为非接触式流速仪，不影响流速场分布，动态响应快，测量精度高。但由于其结构复杂，价格昂贵，大部分用于基础研究。粒子图像测速技术 PIV（particle image velocimetry）即为利用激光测速原理研制而成的设备。

粒子图像测速系统一般由示踪粒子、光源系统、摄像系统和计算机数据处理系统组成，如图 1.32 所示。

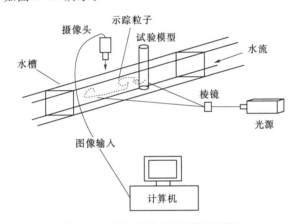

图 1.32　粒子图像测速系统原理图

图 1.33　流速流向仪

该系统通过发光源打出片光源，在 t_1 时刻用它照射流动的流体形成很薄且明亮的流动平面，用垂直于该流面的照相机记录视场内流面上示踪粒子的图像。在经过一段时间间隔 Δt 的 t_2 时刻重复上述过程，得到该流面上第二张粒子图像。对比两张照片，识别出同一粒子在两张照片上的位置，测量出该流面上粒子移动的距离，即可得到粒子移动速度，亦即流体流速。

1.5.2　流向的测量

流向的测量多是在拟测的流场中施放流向指示剂，然后采取适当的方法测定各处的流向。

1. 流向指示剂法

若测水面上的流向，可用比重比水小的纸片或在硬纸片上设置烛光等物。

要测水中流向时，可采用比重为 1.0 的浮粒子指示剂或挂在立杆上的短细线插入水中以指示流向。要测水底流向时，可用重木屑、石蜡球、高锰酸钾颗粒等物质做指示剂。

2. 测绘法

在流场内，用固定标志画好坐标网格，根据指示剂所形成的位置测记迹线，作各点的切线即为各点的流向。

3. 摄影法

利用"浮标法"摄影得到的迹线，作各点的切线也可以求出各点的流向。

4. 毕托管法

采用特制的球形毕托管对每点进行实测，转动探头方向，当所测的总水头与测压管水头差值最大时，即为该点流速方向。

5. 流向仪

流向还可用"舵叶跟踪式流速流向仪"来进行测量。该装置一般在传感器尾部有一舵叶，以水流流向为原动力，当水流流经舵叶时，即可指示出水流方向，图1.33为某种流速流向仪。

现代测量仪器中，可将流速和流向的测量功能进行整合，例如超声多普勒流速仪以及粒子图像测速系统PIV均可以同时测量流速和流向。

1.6 流 量 测 量

1.6.1 管道中的流量测量

1. 毕托管测断面流速法

将毕托管安放在被测量的管道上，在直径的方向上移动，测出一系列的流速值 u_i，每个流速值控制一定的环形面积，如图1.34所示，假定沿断面的流速是对称分布的，则通过管道的流量 Q 由式（1.27）给出：

$$Q = \sum u_i \Delta A \tag{1.27}$$

式中　ΔA——圆环面积。

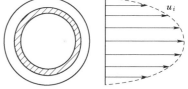

图1.34　管道断面流速值

也可以在距管中心 $\frac{3}{4}r$ 处测出平均流速 $\overline{u}$，进而求得流量为

$$Q = \overline{u}A \tag{1.28}$$

用此方法应注意：这类装置只可在测前临时安装，并保持系统密封，以防漏水。

2. 孔板流量计

把一块比管径小的孔板安装在管道中，用压差计可测出孔板前后的压力降，如图1.35（a）所示，管道中的流量为

$$Q = \mu \frac{a_0 a_1}{\sqrt{a_0^2 - a_1^2}} \sqrt{2gH} = \mu \frac{\pi}{4} \frac{d_0^2 d_1^2}{\sqrt{d_0^4 - d_1^4}} \sqrt{2gH} \tag{1.29}$$

式中　Q——流量，m^3/s；

　　　a_0——管道面积，m^2；

　　　a_1——孔面积，m^2；

　　　H——压差计所指示的水头差，m；

　　　μ——流量系数，可由实验确定。

对于标准孔板图1.35（b）给出 μ-Re 曲线，当 $Re > 2 \times 10^5$ 时，μ 值为常数。

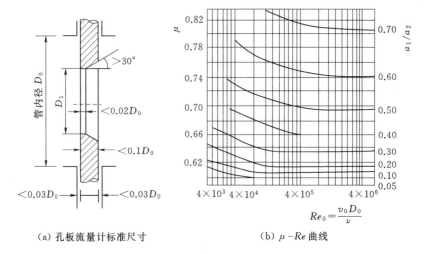

(a) 孔板流量计标准尺寸　　　(b) μ - Re 曲线

图 1.35　孔板流量计

孔板流量计测量精度约为 2%，其缺点是能量损失较大。

安装孔板时其上游应有 10 倍管径的直管段。

3. 喷嘴流量计

喷嘴流量计标准尺寸如图 1.36（a）所示，其流量的计算公式同式（1.29），流量系数通常取 $\mu = 0.96 \sim 0.98$，a_1/a_0 较大时 $\mu > 1$，如图 1.36（b）所示。

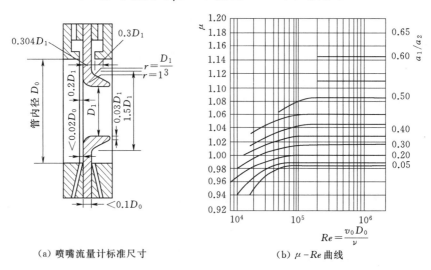

(a) 喷嘴流量计标准尺寸　　　(b) μ - Re 曲线

图 1.36　喷嘴流量计

为了使水流平顺，在安装时上游也应有大于 10 倍管径的直管段，并在此范围内不得装有任何管件。

4. 文丘里流量计

如图 1.37 所示为一个典型的文丘里流量计，进口为光滑的锥形体，中段为短的圆柱形喉部及一段扩散段，扩散段最佳角为 $5° \sim 7°$。通常由铜制作，$d_1/d_0 = 0.5$，计算公式同式（1.29），流量系数由实验得出，它与雷诺数及 d_1/d_0 有关，如图 1.38 所示。文丘里流量计一般精度可达到 1%。安装时，要求上游在 10 倍管径的距离、下游在 6 倍管径的距离内均不得有其他部件。它的优点是能量损失小，对水流干扰也小，缺点是管内表面加工精度要求较高，施测流量的范围较小。

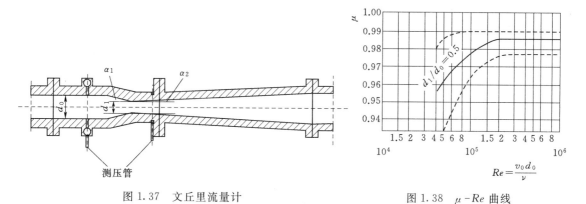

<table>
<tr><td>图 1.37　文丘里流量计</td><td>图 1.38　μ-Re 曲线</td></tr>
</table>

5. 浮子流量计

浮子流量计主要包括一个透明的过渡锥形管道，一个比重较大的浮子，水自下而上流动，如图 1.39 所示，当通过的流量大小不同时，浮子在透明管内上升的高度也就不同，根据浮子停留的位置，在透明管外壁上即可读出流量值。在测流过程中浮子是上下波动的，其读数应取它的平均值。

6. 电磁流量计

电磁流量计由电磁流量传感器和转换器两部分组成，传感器安装在管道上，其作用是将流进管道内的液体体积流量值线性地转换成感生电势信号，并通过传输线将此信号送到转换器。转换器安装在离传感器不远的地方，它将传感器送来的流量信号进行放大，并转换成与流量信号成正比的标准电信号输出，以进行显示、累积和调节控制。

电磁流量计的测流原理是法拉第电磁感应原理。当液体进入管道时，以平均速度切割与水流垂直的交变磁场的磁力线，在另一垂直方向的电极上产生感应电势，如图 1.40 所示。如果知道了这个电势的大小，再通过电磁流量转换器将电势转换成电流信号，则感应电势和流速、体积流量之间的关系为

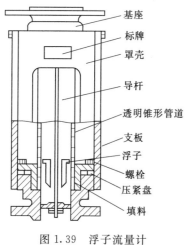

图 1.39　浮子流量计

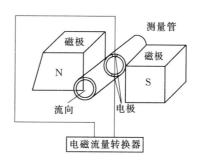

图 1.40　电磁流量计

$$e = Bdv = \frac{4BQ}{\pi d^2} \qquad\qquad (1.30)$$

式中 v——通过管道截面上流体的平均速度;

       B——电磁感应强度;

       d——管道内径。

    由式 (1.30) 可知,当管道截面一定时,流量与比值 e/B 成正比,而与流体的状态和物性参数无关。在磁场和管道直径一定的情况下,电磁感应强度 B 和管道内径 d 为一定值,因此,只要测得感应电势即可由式 (1.30) 计算出流速和流量。

    电磁流量计结构简单,不干扰流场;可测量脏污介质、腐蚀性介质和悬浊性液固两相流的流量;不受被测介质的温度、黏度、密度以及电导率(在一定范围内)的影响;电磁流量计的量程范围很宽,其测量范围可达 100:1 甚至 1000:1;工业用电磁流量计的范围极宽,从几毫米一直到几米。而且国内已有口径达 3m 的实验校验设备。电磁流量计的缺点是易受外界电磁干扰的影响,不能用来测量气体、导电率很低的液体介质、高温介质及未经特殊处理的低温介质。

    7. 托巴管流量计

    托巴管流量计是一种压差式流量计,它是基于毕托管原理而设计的。其工作原理如图 1.41 所示,将托巴管插入输水管道中,因其迎水面和背水面各开有小孔,两面产生的压差通过小孔反映并传递给压差变送器。压差的大小正比于管道中水流流速的平方。通过压差变送器就可以测量出管道中流体的流量。托巴管特别适用于大管道的流量测量。

    8. V 锥流量计

    V 锥流量计是一种压差式流量计,它利用 V 锥体在流场中产生的节流效应,通过检测上下游压差来测量流量。V 锥流量传感器的基本原理是在测量管中同轴安装的 V 锥体和相应的取压口。该测量管和 V 锥是经过设计精密加工的,流体在测量管中流过 V 锥体时,与流动的流体互相产生作用,在锥体前重新形成流态,局部收缩使流体的流速加快,静压下降。在 V 锥体的前后产生压差 ΔP,此压差的高压(正压)是在上游流体收缩前的管壁取压口处测得的静压力 P_H,而低压(负压)则是在内锥体

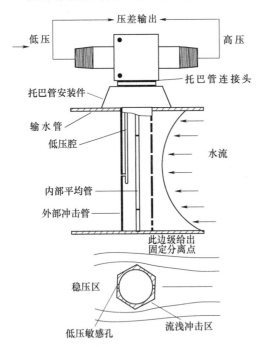

图 1.41 托巴管流量计工作原理图

朝向下游端面,V 锥中心轴处所开取压孔处压力 P_L。如图 1.42 所示。

    流量计算公式为

$$Q = k\varepsilon \sqrt{\frac{\Delta P}{\rho}} \qquad\qquad (1.31)$$

式中 ΔP——压差,$\Delta P = P_H - P_L$;

k——与节流件形式、直径比、取压方式、雷诺数及管道粗糙程度相关的系数；

ε——流体膨胀系数，对于不可压缩流体，$\varepsilon=1$。

9. 涡轮流量计

涡轮流量计由涡轮流量变送器和相应的显示仪表组成。涡轮流量计的结构原理图如图1.43所示。当流体流过时，流体的冲击力推动带有螺旋形导磁片的叶轮旋转。在一定条件下，转速与流速成正比。信号检测器产生磁场，旋转的叶片切割磁力线，周期性改变线圈内的磁通量，从而使线圈两端感应出电脉冲信号，此信号经放大器的放大整形，经计算后送至显示仪表，显示出流体的瞬时流量或总流量。

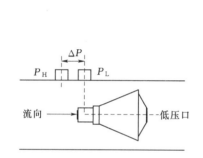

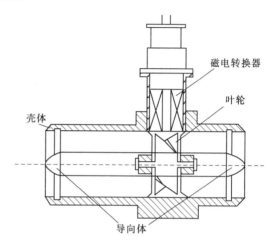

图1.42　V锥流量计结构原理图　　　　图1.43　涡轮流量计传感器结构原理图

10. 超声波流量计

超声波流量计是一种无阻塞式流量计，超声波在流动的流体中传播时就载上了流体流动速度的信息。通过接收到的超声波就可以检测出流体的流速，从而换算成流量。根据检测方式的不同，可以分为传播速度差法、多普勒法、波束偏移法、噪声法以及相关法等不同类型的超声波流量计。

超声波流量计工作原理如图1.44所示。由于流体流动速度的影响，从上游侧往下游侧发射的超声波与从下游侧往上游侧发射的超声波传播时间不同，通过检测出两者传送时间t_1和t_2的差值，就可通过Δt得出流体的流动速度，进而换算成流量。

1.6.2　明渠流量测量

1. 量水堰

在明渠上测量流量通常用量水堰。量水堰有三角形薄壁堰、矩形薄壁堰。安装时，堰板与水流轴线垂直，堰身中线与水流轴线重合，缘面倾角朝向下游。对三角形薄壁堰应使堰顶角分线铅直，同时为保证过堰水流的完全收缩，要求堰口两侧与上游渠道边坡的距离T和堰顶与上游渠底的距离P均不得小于最大堰顶水深$H_{\max}$，如图1.45所示。对于梯形堰，其最大过

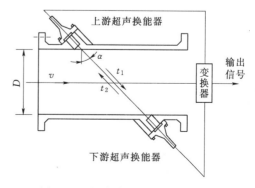

图1.44　超声波流量计工作原理图

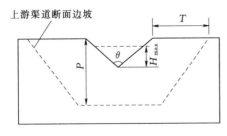

图 1.45　三角形薄壁堰

堰水深应小于堰高的 1/3；最小过堰水深应大于堰槛宽的 1/10。

对于直角三角形薄壁堰（$\theta=90°$），为保证过堰水流为自由出流，堰顶应高出下游最高水位 3cm。水流为自由出流时的流量公式为

$$Q=1.343H^{2.47} \tag{1.32}$$

式中　Q——过堰流量，m^3/s；

　　　H——堰顶水头，m，为距堰板上游（3～5）H 处的堰上水深。

式（1.32）适用范围为 $H=0.06\sim0.55\text{m}$。

为了简化计算，将式（1.32）计算结果列入表 1.4 中以备查用。

表 1.4　　　　　　　直角三角形薄壁堰流量（Q）计算表

H/cm	$Q/(\times10^3\ \text{cm}^3/\text{s})$									
	$H/\text{cm}=0$	$H/\text{cm}=1.0$	$H/\text{cm}=2.0$	$H/\text{cm}=3.0$	$H/\text{cm}=4.0$	$H/\text{cm}=5.0$	$H/\text{cm}=6.0$	$H/\text{cm}=7.0$	$H/\text{cm}=8.0$	$H/\text{cm}=9.0$
0	0	0.016	0.085	0.230	0.460	0.830	1.290	1.950	2.560	3.480
10	4.48	5.70	7.16	8.65	10.14	12.30	14.50	16.90	19.40	22.00
20	25.20	28.30	31.80	35.60	39.60	43.90	47.70	52.90	57.80	62.80
30	68.00	73.50	80.40	86.60	92.70	100.80	100.50	114.00	122.00	131.10
40	139.00	149.00	157.80	166.50	174.50	185.00	196.00	208.00	219.00	230.00
50	241.90	255.00	264.50	276.50	290.00	303.50	318.00	337.00	349.00	366.00

注　查表方法：若求 $H=14\text{cm}$ 的 Q，在表左列找 10，上列找 4.0，由纵横交叉点在表上得 $10.14\times10^3\text{cm}^3/\text{s}$，便为所求流量。

当测量较小的流量时，可采用堰口角度 $\theta<90°$ 的三角堰，使堰上水头不致太小，以提高流量测量精度。应用渡边公式，其流量为

$$Q=CH^{\frac{5}{2}}(\text{m}^3/\text{s}) \tag{1.33}$$

$$C=2.361\tan\frac{\theta}{2}\times\left[0.5530+0.0195\tan\frac{\theta}{2}+\cot\frac{\theta}{2}\left(0.0050+\frac{0.001055}{H}\right)\right]$$

对于 $\theta=60°$，

$$C=1.363\left(0.5730+\frac{0.00183}{H}\right) \tag{1.34}$$

对于 $\theta=30°$，

$$C=0.6326\left(0.5769+\frac{0.00394}{H}\right) \tag{1.35}$$

当上游渠道宽度 $b=1.53\text{m}$、$P=1.09\text{m}$、$H=0.1\sim0.3\text{m}$ 时，精度较高。当采用尺寸与此不同时，应进行率定。

2. 矩形薄壁堰

矩形薄壁堰见图 1.46。

流量计算公式为

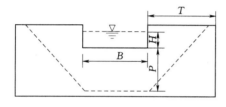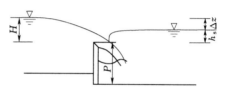

图 1.46 矩形薄壁堰

$$Q = m_0 B \sqrt{2g} H^{\frac{3}{2}} (\mathrm{m}^3/\mathrm{s}) \tag{1.36}$$

其中
$$m_0 = \left(0.405 + \frac{0.027}{H} - 0.030 \times \frac{b-B}{b}\right) \times \left[1 + 0.55 \left(\frac{B}{b}\right)^2 \left(\frac{H}{H+P}\right)^2\right] \tag{1.37}$$

式中 b——引水渠宽度，m；

m_0——考虑了行进流速水头的流量系数；

P——堰顶至上游渠底的距离，m；

B——堰宽，m。

当下游水深高于堰顶，且 $\frac{\Delta z}{P} < 0.7$ 形成淹没出流时，式（1.36）还应乘以淹没系数 σ_s。

3. 梯形薄壁堰

（1）自由出流条件为

$$\frac{\Delta z}{P_1} > 0.7$$

式中 Δz——上下游水位差，m；

P_1——下游堰高，m。

流量计算公式为

$$Q = m_0 B \sqrt{2g} H^{\frac{3}{2}} (\mathrm{m}^3/\mathrm{s}) \tag{1.38}$$

式中 Q——过堰流量；

B——堰口宽度，取 $0.25 \sim 1.5$m；

m_0——流量系数，$m_0 = \begin{cases} 0.402 & （行进流速 v_0 < 0.3\mathrm{m/s}） \\ 0.429 & （行进流速 v_0 \geqslant 0.3\mathrm{m/s}） \end{cases}$。

（2）淹没出流条件为

$$h_s > 0, \frac{\Delta z}{P_1} < 0.7$$

式中 h_s——下游水面高出堰顶的水深。

流量计算公式为

$$Q = \sigma_s m_0 B \sqrt{2g} H^{\frac{3}{2}} \tag{1.39}$$

式中 σ_s 可由式（1.40）求出或查表 1.5：

$$\sigma_s = \sqrt{1.23 - \left(\frac{h_s}{H}\right)^2} - 0.127 \tag{1.40}$$

在实际工程上也常用宽顶堰或实用堰测流量（详见实验 6.3、6.4）

表 1.5　　　　　　　　　　　　　　　　　　　σ_s　表

h_s/H	σ_s	h_s/H	σ_s	h_s/H	σ_s	h_s/H	σ_s	h_s/H	σ_s
0.06	0.996	0.24	0.958	0.42	0.892	0.60	0.800	0.78	0.662
0.08	0.992	0.26	0.952	0.44	0.884	0.62	0.787	0.80	0.642
0.10	0.988	0.28	0.946	0.46	0.875	0.64	0.774	0.82	0.621
0.12	0.984	0.30	0.939	0.48	0.865	0.66	0.760	0.84	0.594
0.14	0.980	0.32	0.932	0.50	0.855	0.68	0.746	0.86	0.576
0.16	0.976	0.34	0.925	0.52	0.845	0.70	0.730	0.88	0.550
0.18	0.972	0.36	0.917	0.54	0.834	0.72	0.714	0.90	0.520
0.20	0.968	0.38	0.909	0.56	0.823	0.74	0.698		
0.22	0.963	0.40	0.901	0.58	0.812	0.76	0.682		

4. 量水槽

在底坡小的含沙水流的渠道里可安装巴歇尔量水槽。安装时，应置于平直渠段，注意渠与槽的中线应重合。其测流范围在 $0.01 \sim 80 \text{m}^3/\text{s}$。

这里只介绍一般的量水槽，其主要形式有侧壁收缩和底板高程抬高两种，如图 1.47 所示。

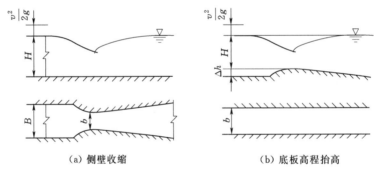

（a）侧壁收缩　　　　　　　　　（b）底板高程抬高

图 1.47　量水槽

流量计算公式为

$$Q = mb\sqrt{2g}H_0^{\frac{3}{2}} \tag{1.41}$$

式中　b——测流断面宽度；

　　　m——流量系数，随量水槽的类型及所测流量范围而变化，需做专门实验确定。

5. 孔口

当测量由水库或水池经过侧壁小孔口或底部孔口出流的流量时，可以利用孔口进行测流。

孔口出流流量计算公式为

$$Q = \mu A\sqrt{2gH} \tag{1.42}$$

式中　A——孔口断面积；

　　　H——孔口的作用水头；

　　　μ——流量系数，应由实验确定。详见实验 6.1。

典型的薄壁小孔口$\left(孔径\ d<\dfrac{H}{10}\right)$的流量系数一般为 0.58～0.62。薄壁大孔口的流量系数随孔高 e 和水头 H 的比值 e/H、孔口形状和水流收缩程度而有所不同，为 0.7～0.9。

6. 体积法

在某个固定的时段内，将流经管道或渠道的水体引入经过率定的容器中，用容器中水的体积除以该体积所对应的流动时间，即可得到流量 Q，即

$$Q = \frac{V}{T} \tag{1.43}$$

式中　V——集水量；

　　　T——集水时间。

实验 1.1　流体黏滞系数的测定

【实验目的与要求】

（1）通过对流体黏滞系数的测定，理解黏滞性是实际流体的基本属性，即微团相对滑动时要产生切向应力的性质。

（2）明确影响流体黏滞系数的主要因素是温度。

（3）学习如何应用流体层流的牛顿内摩擦定律和管内层流的规律，实现流体黏滞系数的间接测定。

【实验设备与仪器】

圆管层流法测液体黏滞系数的设备如图 1.48 所示。

【实验原理】

水平等直径圆管内层流流动的流量公式为

$$Q = \frac{\pi \Delta p d^4}{128 \mu L} \tag{1.44}$$

式中　Q——管内为层流时的流量，$\mathrm{m^3/s}$；

　　　d——圆管的内径，m；

　　　L——圆管的长度，m；

　　　Δp——流体流过管长为 L 的管时产生的压力降，$\mathrm{N/m^2}$。

在管内流动为层流的情况下，测得 Q、L、d 和 Δp，将 4 个量代入式（1.44），即可求得该流体在某一温度下的黏滞系数 μ（Pa·s 或 kgf/ m·s）。

【实验步骤与方法】

（1）用圆管层流法测量流体黏滞系数时，需保证管内流动是层流。先预测几次管内的流速 v，测量流体温度 t，对

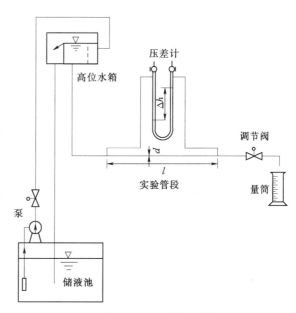

图 1.48　圆管层流法测黏滞系数设备简图

被测流体选取一个较低的 μ 值，计算雷诺数 $Re = \dfrac{\rho v d}{\mu}$，用 Re 是否小于 2300 来判断管内的流动是否为层流。

（2）调整流量调节阀，使流动在层流范围内，待流动稳定后，记录压差计的读数 Δh，用体积法测出流量，记录温度、密度等。

（3）改变流量 3～4 次，重复步骤（2）。

【思考题】

（1）在测流量时，往往在管的出口装一段软橡皮管或软塑料管，在测量过程中实验者忽松忽紧地捏住它，或将它一会儿提高一会儿又降低。这对测量有无影响，为什么？

（2）当管出口的位置一定，高位水箱的液面不变，如果实验管段装成水平或装成向下游倾斜时（不论水平或倾斜，总长不变）对压差计的指示有无影响？

【实验资料整理】

将实测值记录在原始记录纸上，其参考表格（表 1.6）如下：

实验设备号＿＿＿＿＿＿＿＿＿＿

实验段管长 $L=$ ＿＿＿＿＿＿＿＿ mm　　　　实验管内径 $d=$ ＿＿＿＿＿＿＿＿ mm

液体的温度 $t=$ ＿＿＿＿＿＿＿＿ ℃　　　　液体密度 $\rho=$ ＿＿＿＿＿＿＿＿ kg/m³

表 1.6　　　　　　　　　　　　　　　**记录与计算表格（供参考）**

压差计读数	集水体积	集水时间	流量	压差	动力黏滞系数
$\Delta h/\text{mm}$	V/cm^3	T/s	$Q/(\text{cm}^3/\text{s})$	$\Delta p = g\rho\Delta h/(\text{N}/\text{m}^2)$	$\mu = \dfrac{\pi\Delta p d^4}{128QL}$

【实验报告要求】

（1）实验目的与要求。

（2）实测数据。

（3）计算数据。

（4）实验结果分析。

（5）写出心得体会。

第 2 章 水 静 力 学

2.1 概　述

水静力学研究液体在静止（或相对静止）状态下的平衡规律及其在工程中的应用。当液体处于静止状态时，液体质点之间没有相对运动，这时液体内部不存在切应力。因此，静止液体质点间的相互作用是通过压强的形式表现出来的。

液体，这里主要是指水，它被认为是不可压缩的均匀连续介质。对于静止的液体，它既不能抵抗切力，也不能承受拉力，只能承受垂直压力。

2.2　静水压强及其特性

在静止液体中，围绕某点取一微小受作用面，设其面积为 ΔA，作用于该面上的压力为 ΔP，那么平均压强 $\Delta P / \Delta A$ 的极限值就定义为该点的静水压强，用符号 p 表示：

$$p = \lim_{\Delta A \to 0} \frac{\Delta P}{\Delta A} \tag{2.1}$$

静水压强 p 具有应力的量纲。在国际单位制中，静水压强 p 的单位为 $Pa(N/m^2)$。

静水压强有两个重要特性：

（1）静水压强的方向沿受作用面的内法线方向。

（2）静止液体中任一点上各方向压强的大小都相等。

2.3　水静力学基本方程

在重力作用下，对于不可压缩的均质液体，γ 为常数，静止液体的基本方程可表示为

$$z + \frac{p}{\gamma} = C \tag{2.2}$$

式中　z——单位重量液体相对于基准面所具有的位置势能；

$\dfrac{p}{\gamma}$——单位重量液体从大气压强算起所具有的压强势能；

$z + \dfrac{p}{\gamma}$——单位重量液体所具有的总势能。

式（2.2）中各项的量纲为

$$\dim z = L$$

$$\dim \frac{p}{\gamma} = \frac{\dim(F/L^2)}{\dim(F/L^3)} = L$$

$$\dim \left(z + \frac{p}{\gamma} \right) = L$$

可见，各项均为长度的量纲。因此将各项均命名为相应的水头：z 称为位置水头，$\dfrac{p}{\gamma}$ 称为压强水头，$\left(z+\dfrac{p}{\gamma}\right)$ 称为测压管水头。

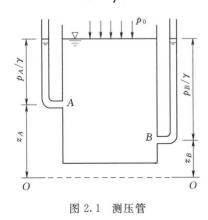

图 2.1 测压管

在容器的侧壁上开一个小孔，接上一开口的玻璃管与大气相通，就形成一根测压管，如图 2.1 所示。假设容器内液面上为大气压强 p_a，即 $p_0 = p_a$，则无论测压管连接在哪一点上，测压管内液面都与容器内液面齐平，这就是水静力学方程 $z+\dfrac{p}{\gamma}=C$ 的物理意义。如取 $O—O$ 为基准面，测压管液面到基准面的高度由 z 和 $\dfrac{p}{\gamma}$ 两部分组成，z 表示某点位置到基准面的高度，$\dfrac{p}{\gamma}$ 表示该点压强的液柱高度。由图可见：

$$z_A + \frac{p_A}{\gamma} = z_B + \frac{p_B}{\gamma} \tag{2.3}$$

因此，在重力作用下，静止液体内各点的测压管水头 $\left(z+\dfrac{p}{\gamma}\right)$ 总是一个常数。如果容器内液面压强 p_0 大于或小于大气压强 p_a，则测压管内液面会高于或低于容器内的液面，但液体内各点的测压管水头仍然是相等的。

对于液面下任一点的静水压强：

$$p = p_0 + \gamma h \tag{2.4}$$

式中 h——该点的水深。

由式（2.3）和式（2.4）可以得出如下结论：

（1）表面压强 p_0 对液体内部任何点的压强都有影响，也即 p_0 向液体内部的任何地方传递，这就是著名的帕斯卡（B. Pascal）定律。

（2）静水压强与水深成正比，并沿水深按直线规律分布。

（3）当 $z_A = z_B$ 时，则 $p_A = p_B$，即在均质连续的静止液体中，水平面是等压面。

（4）当 $z_A > z_B$ 时，则 $p_A < p_B$，即位置较低点的压强大于位置较高点的压强。

2.4 压强的表示方法及单位

压强 p 的大小可以根据起算点的不同，分别用绝对压强与相对压强来表示。

以物理上绝对真空状态下的压强为零点计量的压强称为绝对压强，以 p_{abs} 表示。以当地大气压强 p_a 作为零点计量的压强称为相对压强，以 p_r 表示，相对压强 p_r 与绝对压强 p_{abs} 之间存在如下关系：

$$p_r = p_{abs} - p_a \tag{2.5}$$

绝对压强的数值总是正的，而相对压强的数值要根据该压强高于或低于当地大气压强而决定其正负。如果液体中某处的绝对压强小于大气压强，则相对压强为负值，称为负压。负压的绝对值称为真空压强，以 p_v 表示，即

$$p_v = |p_{abs} - p_a| = p_a - p_{abs} \qquad (2.6)$$

真空压强用水柱高度表示时称为真空度，记为 h_v，即

$$h_v = \frac{p_v}{\gamma} = \frac{p_a - p_{abs}}{\gamma} (\text{m 水柱}) \qquad (2.7)$$

一个工程大气压的绝对压强为 $98\,kN/m^2$ 或 10m 水柱高。

2.5 作用在平面上的静水总压力

1. 图算法

对于矩形平面，图算法往往比较直观也很方便。求矩形平面上静水总压力的大小和作用点，实质上是求平行力系的合力问题。

现取高 a、宽 b 的铅直矩形平板，如图 2.2 所示，作用在平板上的静水总压力的大小为

$$P = \int_A p\,\mathrm{d}A = A_P b$$

式中　A_P——压强分布图的面积（图中箭头线所示）。

根据不同情况，矩形平面上压强分布图可能为梯形、矩形、三角形，其相应静水压力的大小及作用点见表 2.1。

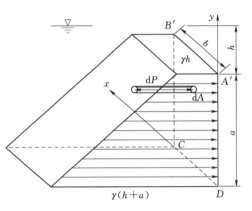

图 2.2　铅直矩形平板

表 2.1　　　　　　　　不同压强分布下的压力大小和压力作用点

压强分布图形	压强分布 图形面积（A_P）	压力大小	压力作用点 （距底线）
	$\dfrac{\gamma}{2}Ha(a=H)$	$\dfrac{\gamma}{2}HA$	$\dfrac{a}{3}$
	$\gamma Ha(H=h_1-h_2)$	γHA	$\dfrac{a}{2}$

续表

压强分布图形	压强分布 图形面积（A_P）	压力大小	压力作用点 （距底缘）
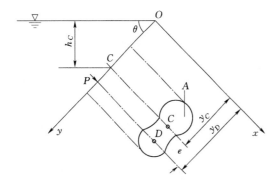	$\dfrac{\gamma}{2}(H+h)\,a$	$\dfrac{\gamma}{2}(H+h)\,A$	$\dfrac{2h+H}{h+H}\dfrac{a}{3}$

注　A 为矩形平板的面积，$A=ab$，$b=$平板的宽度，$a=$平板的高度。

2. 解析法

如图 2.3 所示，作用在平面上的静水总压力大小等于受作用面积 A 乘以形心 C 处的压强（$p_C=\gamma h_C$），其值为

$$p = p_C A = \gamma h_C A \qquad (2.8)$$

其作用点位置，对于有纵向对称轴的平面为

$$y_D = y_C + \frac{I_C}{y_C A} \qquad (2.9)$$

式中　y_D——静水总压力作用点沿斜面至水面的距离；

y_C——面积 A 的形心 C 沿斜面至水面的距离；

I_C——面积 A 对过形心 C 的水平轴的惯性矩。

图 2.3　作用在平面上的静水总压力

常见图形的面积 A、形心坐标 y_C 以及惯性矩 I_C 列于表 2.2。

表 2.2　　　　　常见图形的面积 A、形心坐标 y_C 以及惯性矩 I_C 值

几何图形	面积 A	形心坐标 y_C	惯性矩 I_C
圆	πr^2	r	$\dfrac{1}{4}\pi r^4$
半圆	$\dfrac{1}{2}\pi r^2$	$\dfrac{4}{3}\dfrac{r}{\pi}$	$\dfrac{9\pi^2-64}{72\pi}r^4$

续表

几何图形	面积 A	形心坐标 y_C	惯性矩 I_C
矩形	bh	$\dfrac{1}{2}h$	$\dfrac{1}{12}bh^3$
三角形	$\dfrac{1}{2}bh$	$\dfrac{2}{3}h$	$\dfrac{1}{36}bh^3$
梯形	$\dfrac{1}{2}h(a+b)$	$\dfrac{h}{3}\left(\dfrac{a+2b}{a+b}\right)$	$\dfrac{1}{36}h^3\left(\dfrac{a^2+4ab+b^2}{a+b}\right)$

2.6 作用在曲面上的静水总压力

作用在曲面上各点的静水压强，按静水压强的特点，都是沿着曲面上各点的内法线方向。对于二向曲面，如图 2.4 所示，它的静水总压力的水平分力 P_x 等于作用在该曲面在垂直面上的投影面积 A_x 上的静水总压力：

$$P_x = p_C A_x = \gamma h_C A_x \qquad (2.10)$$

作用在曲面上的静水总压力的垂直分力 P_z 等于其压力体（包括虚的压力体，体积为 V）的重量，即

$$P_z = \gamma V \qquad (2.11)$$

垂直总压力 P_z 的作用线通过所画压力体的形心。作用在曲面上的静水总压力的大小为

$$P = \sqrt{P_x^2 + P_z^2} \qquad (2.12)$$

作用在曲面上的静水总压力的方向为

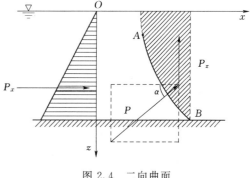

图 2.4 二向曲面

$$\alpha = \arctan \frac{P_z}{P_x} \tag{2.13}$$

静水总压力的作用点在静水总压力 P 的作用线与曲面的交点上。

2.7 浮力、浮体的平衡与稳定

只有部分体积浸没在液体中的物体称为浮体，静止液体作用于浮体上的合力称为浮力，其大小为

$$P_z = \gamma V_p \tag{2.14}$$

式中 V_p —— 物体所排开液体的体积。

浮体的平衡条件为 $\qquad\qquad P_z = G$

对于浮体而言，如果重心低于浮心，此时平衡是稳定的。但当重心高于浮心时，浮体的平衡仍有稳定的可能。这是因为浮体倾斜之后，浸没在液体内的那部分体积形状有所改变，

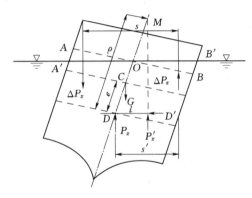

从而浮心从原来的 D 点移到 D' 点，如图 2.5 所示，但它的重心位置 C 则不因为倾斜而改变（如浮体内有液体且有自由液面例外）。这样，浮力 P_z 和重力 G 在一定条件下有可能形成恢复浮体原有平衡状态的力矩。为了进一步阐明这一问题，引入下述概念。

浮面——浮体正浮时液面与浮体表面的交线所围成的平面称为浮面；

浮轴——浮体处于平衡状态时，重心 C 与浮心 D 的连线称为浮轴；

图 2.5 浮心位置变化

定倾中心——浮体倾斜时，浮轴与浮力作用线的交点 M 称为定倾中心；

定倾半径——定倾中心 M 与浮心 D 间的距离称为定倾半径，记为 ρ；

偏心距——重心 C 与浮心 D 间的距离称为偏心距，记为 e；

定倾高度——定倾中心 M 与重心 C 间的距离称为定倾高度，记为 h_m，$h_m = \rho - e$。

浮体倾斜后能否恢复其原平衡位置，取决于重心 C 和定倾中心 M 的相对位置。若浮体倾斜后，$\rho > e$，重力 G 与倾斜后的浮力 P'_z 构成一个使浮体恢复到原来平衡位置的力矩，那么浮体处于稳定平衡状态，如图 2.6（a）所示。反之，若 $\rho < e$，重力 G 与倾斜后的浮力 P'_z 构成的力矩将使浮体继续倾倒，浮体处于不稳定平衡状态，如图 2.6（c）所示。当浮体倾斜后，定倾中心 M 点与重心 C 点重合，即 $\rho = e$，重力 G 与浮力 P'_z 不会产生力矩，浮体处于随遇平衡，如图 2.6（b）所示。判断浮体在重心高于浮心情况下的平衡稳定性，可归纳为

$$\left. \begin{array}{l} \rho > e, \text{稳定平衡} \\ \rho = e, \text{随遇平衡} \\ \rho < e, \text{不稳定平衡} \end{array} \right\} \tag{2.15}$$

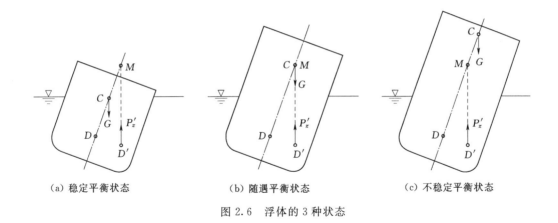

（a）稳定平衡状态　　　　（b）随遇平衡状态　　　　（c）不稳定平衡状态

图 2.6　浮体的 3 种状态

实验 2.1　验证水静力学基本方程

【实验目的与要求】

（1）通过实验掌握用测压管测量静水压强的方法，加深理解水静力学基本方程的物理意义和几何意义。

（2）加深理解位置水头 z、压强水头 $\dfrac{p}{\gamma}$ 和测压管水头 $z+\dfrac{p}{\gamma}$ 的基本概念；观察静止液体中任意两点的测压管水头 $z_1+\dfrac{p_1}{\gamma}=z_2+\dfrac{p_2}{\gamma}=C$（常数）。

（3）测量液体表面压强（$p_0\geqslant p_a$，$p_0<p_a$），且观察真空现象。

（4）学习测量未知液体密度的方法。

【实验设备与仪器】

（1）一个透明的密闭水箱内装水，水箱顶部装有通气阀。

（2）一个可以升降的有机玻璃调压筒与密闭水箱用橡胶软管连通，通过它来调节水箱内液体表面压强。

（3）一个测压排上装有两组开口测压管，一组液位计和三组 U 形管压差计。其中 3 号 U 形管压差计内装有水银，4 号 U 形管压差计内装有未知液体，6 号 U 形管压差计内装的是水。

（4）所有测压管液面标高以及位置水头高度均以标尺 0 点为基准。

具体实验装置如图 2.7 所示。

【实验原理】

在重力作用下，静止液体的基本方程为

$$z+\frac{p}{\gamma}=常数 \tag{2.16}$$

对于有自由液面的液体：

$$p=p_0+\gamma h \tag{2.17}$$

液体表面压强等于大气压强时，称无压：

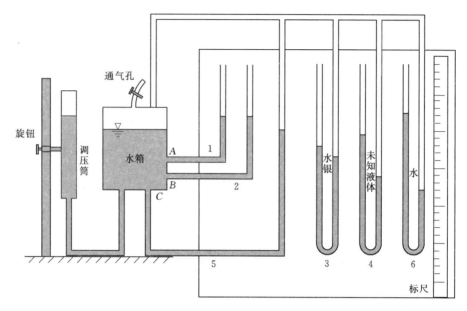

图 2.7　水静力学实验装置

1、2—开口测压管；3、4、6—U形管压差计；5—液位计

$$p_0 - p_a = 0 \qquad (2.18)$$

液体表面压强大于大气压强时，称正压：

$$p_0 - p_a > 0 \qquad (2.19)$$

液体表面压强小于大气压强时，称负压，也就是"真空度"：

$$p_0 - p_a < 0 \qquad (2.20)$$

式中　z——单位重量液体相对于基准面所具有的势能或位置水头，m；

$\dfrac{p}{\gamma}$——单位重量液体所具有的压能或压强水头，m；

γ——液体的容重，N/m^3；

p——液体内任一点的静压强，N/m^2；

p_0——液体表面压强，N/m^2；

p_a——大气压强，N/m^2；

h——液体内任一点到液体表面的距离，m。

当密闭水箱内液体表面的压强不等于大气压时，U形管压差计内的液面高度差即为液体表面的相对压强。由于U形管内液体的比重不同，导致其液面高差不同。根据这一特性，可测得未知液体的比重：

$$p = \gamma_{水银} \Delta h_{水银} = \gamma_{未知液体} \Delta h_{未知液体} = \gamma_{水} \Delta h_{水}$$

$$\Rightarrow \gamma_{未知液体} = \frac{\Delta h_{水银}}{\Delta h_{未知液体}} \gamma_{水银} = \frac{\Delta h_{水}}{\Delta h_{未知液体}} \gamma_{水}$$

【实验步骤与方法】

（1）对照实验原理图熟悉仪器设备，弄清仪器组成及使用方法，记录测点 A、B 和 C 的位置水头。

（2）把有机玻璃调压筒放到适当位置（中间位置），打开通气阀，使密闭水箱内的水位和调压有机玻璃筒的水位齐平，这时 $p_0 = p_a$，分别读出开口测压管、U 形管压差计和液位计的读数，记入实验记录表中。

（3）关闭通气阀，把有机玻璃调压筒升高到一定位置（保持开口测压管不溢出水），这时 $p_0 > p_a$，待液面稳定后，分别读出开口测压管、U 形管压差计和液位计的读数，记入实验记录表中。

（4）打开通气阀，待密闭水箱内液面稳定后，再次关闭通气阀，然后把有机玻璃调压筒降低到一定位置，这时 $p_0 < p_a$，待液面稳定后，分别读出开口测压管、U 形管压差计和液位计的读数，记入实验记录表中。

（5）把调压有机玻璃筒升到适当位置，打开通气阀，实验结束。

（6）清理实验场地。

【思考题】

（1）在什么情况下，液位计和开口测压管的液面在同一高度上？为什么？

（2）调压有机玻璃筒的液面与开口测压管的液面在任何情况下都在同一高度上吗？两者的液面有什么关系？

（3）提高或降低调压有机玻璃筒，为什么能改变密闭容器的液面压强 p_0？这时容器内某一固定点（如点 A）的压强要改变，液体是不可能压缩的，为什么点 A 的压强还会变？

（4）实验时，密闭容器内的水面能不能低于点 A？为什么？

【实验资料整理】

（1）已知数据。

位置水头 $z_A =$ _____ cm　　$z_B =$ _____ cm　　$z_C =$ _____ cm

（2）实测记录，见表 2.3。

表 2.3　　　　　　　　　　　水静力学基本方程实验记录表

实验项目	测压管 1/cm	测压管 2/cm	U 形管 3 Δh_3/cm	U 形管 4 Δh_4/cm	U 形管 6 Δh_6/cm	液位计 5/cm
$p_0 = p_a$						
$p_0 > p_a$						
$p_0 < p_a$						

注　表格形式，仅供参考。

（3）计算表格见表 2.4。

表 2.4　　　　　　　　　　　水静力学基本方程实验计算表

计算项目		位置水头 z/cm	测压管水头 $z + \dfrac{p}{\gamma}$/cm	压强水头 $\dfrac{p}{\gamma}$/cm
$p_0 = p_a$	A			
	B			
	C			
	液面			

计算项目		位置水头 z/cm	测压管水头 $z+\dfrac{p}{\gamma}$/cm	压强水头 $\dfrac{p}{\gamma}$/cm
$p_0>p_a$	A			
	B			
	C			
	液面			
$p_0<p_a$	A			
	B			
	C			
	液面			

注　表格形式，仅供参考。

【实验报告要求】

（1）实验目的。

（2）实测记录。

（3）计算数据（应举例说明）。

（4）计算未知液体比重

（5）写出心得体会。

【注意事项】

（1）升降调压有机玻璃筒时，应轻拉轻放，并注意不要使橡胶软管弯折以致水无法流动。

（2）读数时，一定要待液面稳定后再读，并注意应使三点（眼睛、尺和管中液面）在一个水平面上。

（3）记录数据时注意各测压管编号。

实验 2.2　稳定和浮力实验

【实验目的与要求】

（1）通过实验加深对浮体稳定条件的理解。

（2）改变平底船的倾斜角度，研究平底船的稳定性。

【实验仪器与设备】

（1）一条矩形平底船，如图 2.8 所示。

（2）一个能容纳平底船的水箱（或水池）。

（3）角度器和直尺。

（4）刀刃。

【实验原理】

浮力等于物质所排开同体积液体的重量：

$$F=\gamma V \tag{2.21}$$

式中　γ——液体的容重，N/m³；

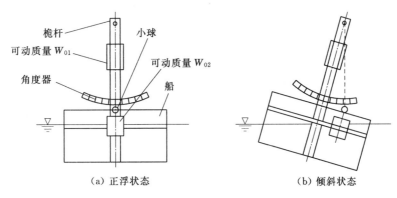

（a）正浮状态 　　　　　　　　（b）倾斜状态

图 2.8　矩形平底船

V——物体所排开液体的体积，m^3。

定倾中心高度 MC 由测量船体的转动角度得到，其计算公式为

$$MC = \frac{W_0}{W} \frac{dx}{d\theta} \tag{2.22}$$

式中　W_0——船体可动质量，kg，$W_0 = W_{01} + W_{02}$；

　　　W——船体的总质量，kg；

　　　dx——可动质量 W_{02} 的位移，m；

　　　$d\theta$——相应于 dx 的转角，（°）。

定倾中心高度 MC 还可用测出的长度进行计算（图 2.9）：

$$MC = MB + BD - CD = MB - BC = \rho - e \tag{2.23}$$

式中　MB——定倾半径，mm，$MB = \rho = \dfrac{惯性矩}{排水体积} = \dfrac{I}{V}$；

　　　BC——偏心距，mm，$BC = e$；

　　　BD——浮心距基线高度 $\dfrac{h}{2}$，mm；

　　　CD——船体重心至基线距离，mm。

船体的平衡状态有如下 3 种情况：

（1）稳定平衡状态，M 位于重心 C 的上方，$\rho > e$。

（2）不稳定平衡状态，M 位于重心 C 的下方，$\rho < e$。

（3）随遇平衡状态，M 和重心 C 重合，$\rho = e$。

【实验步骤与方法】

（1）测量船体的有关数据：可动质量 W_{01} 和 W_{02}，船体总质量 W，矩形船体的外部尺寸（长×宽×高）。

（2）确定船体重心 C 的位置。把船体如图 2.10 所示放在刀刃上，可动质量 W_0 事先固定在一个位置上，由船的平衡来确定船体重心 C 的位置，并量出 CD 的长。

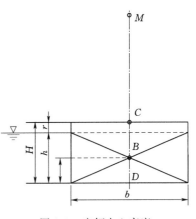

图 2.9　定倾中心高度

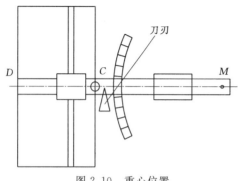

图 2.10　重心位置

（3）把船轻轻放在水箱内，量出船的吃水深 h，并使转角 $\mathrm{d}\theta$ 为零。

（4）把可动质量 W_{02} 从零位置开始转移 $\mathrm{d}x$（等于 5mm），记录相应的转角 $\mathrm{d}\theta$。

（5）继续等距离移动可动质量 W_{02}，记录 $\mathrm{d}x$ 和相应的转角 $\mathrm{d}\theta$ 等一系列读数。

（6）改变可动质量 W_{01} 的位置，重复以上步骤 2～3 次。

【注意事项】

（1）当 $\mathrm{d}\theta$ 的读数为角度时，在计算时必须把公式 $MC=\dfrac{W_0}{W}\dfrac{\mathrm{d}x}{\mathrm{d}\theta}$ 的右端乘上 57.3，把角度变为弧度进行计算。

（2）做实验时，在移动可动质量 W_{02} 时，不要随便移动 W_{01}。

【思考题】

（1）在什么情况下，定倾中心 M 和重心 C 重合？这时会发生什么情况？

（2）对于非均质浮体，重心 C 在浮心 B 之下是稳定的，当重心在浮心之上时，是否也是稳定的呢？为什么？

【实验资料整理】

（1）已知数据。

（2）实测记录见表 2.5。

表 2.5　　　　　　　　　　　稳定和浮力实验记录表

项目	CD/mm	$\mathrm{d}x/\mathrm{mm}$	$\mathrm{d}\theta/(°)$
1			
2			
3			
⋮			

（3）计算数据见表 2.6。

表 2.6　　　　　　　　　　　稳定和浮力实验计算表

次数	$57.3\times\dfrac{W_0}{W}$	$\mathrm{d}x/\mathrm{m}$	$\mathrm{d}\theta/(°)$	定倾斜率 $\dfrac{\mathrm{d}x}{\mathrm{d}\theta}$	定倾中心高度 $MC=57.3\dfrac{W_0}{W}\dfrac{\mathrm{d}x}{\mathrm{d}\theta}$	吃水深 h/mm	$BD=h/2/\mathrm{mm}$	排水体积 V/m^3	$MB=\dfrac{I}{V}$ /mm	定倾中心高度 $MC=MB+BD-CD/\mathrm{mm}$
1										
2										

【实验报告要求】

（1）实验目的。

（2）实测数据。

（3）计算数据（应有计算举例）。

（4）将利用式（2.22）和式（2.23）计算出来的定倾中心高度 MC 进行比较。

（5）写出心得体会。

第3章 液体流动的基本原理

3.1 液体运动的类型及若干基本概念

3.1.1 无压流和有压流

根据压力在空间的特征进行分类，流动可以分为无压流和有压流。

1. 无压流

凡过水断面的周界不全部被固体边界所限制，具有自由表面且表面压力为大气压时的水流称为无压流。促使无压流流动的力，主要是重力，作用在自由表面上的压强为大气压，一个工程大气压以 $98kN/m^2$ 计算。

2. 有压流

水流充满封闭的固体边界，没有自由表面的水流称为有压流。促使有压流流动的力主要是压力。

3.1.2 恒定流和非恒定流

根据水流要素随时间变化进行分类，流动可以分为恒定流和非恒定流。

1. 恒定流（又称稳定流）

流场中任何空间点上所有的运动要素都不随时间而改变的水流称为恒定流。

2. 非恒定流（又称非稳定流）

流场中任意一点处的任何运动要素的大小及方向随时间变化的流动称为非恒定流。

3.1.3 迹线和流线

某液体质点在不同时刻所占据的空间点连线，也即某液体质点运动的轨迹线称为迹线。

在指定时刻，通过某一固定空间点在流场中画出一条瞬时曲线，在此曲线上各流体质点的流速向量都在该点与曲线相切，此曲线定义为流线。

由流线的定义可以得出下面的流线做法。如图 3.1 所示，在指定的空间点 A_1 处，设 t_1 时的流速为 u_1，在 u_1 上取 Δs_1 微元线段得点 A_2；又 t_1 时 A_2 点处的流速为 u_2，在其上取 Δs_2 得 A_3 点；依此下去得 A_3，A_4，…各点，连接各点则得一折线。当取 $\Delta s_i (i＝1，2，3，…)$ →0 时，则此折线变成一条光滑曲线，此曲线就是在 t_1 时刻通过流场中 A_1 点的一条流线。

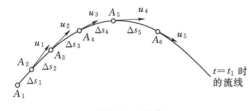

图 3.1 流线

流线具有如下特点：

（1）恒定流流线的形状及位置不随时间而变化，因为流场中各点处的速度向量不随时间变化。

（2）恒定流流线与迹线重合。

（3）一般情况下流线本身不能折曲，流线彼此不能相交。

迹线的微分方程为

$$\frac{\mathrm{d}x}{u_x}=\frac{\mathrm{d}y}{u_y}=\frac{\mathrm{d}z}{u_z}=\mathrm{d}t \tag{3.1}$$

流线的微分方程为

$$\frac{\mathrm{d}x}{u_x}=\frac{\mathrm{d}y}{u_y}=\frac{\mathrm{d}z}{u_z} \tag{3.2}$$

3.1.4　过水断面、流管、元流、总流

与流线正交的液流横断面称为过水断面，过水断面的面积称为过水断面积。过水断面积的形状可为平面也可为曲面，如图 3.2 所示。

在流场中取一非流线的任意闭曲线 l，然后通过此封闭曲线 l 上的每一点做流线，由这些流线所构成的管状曲面称为流管，如图 3.3 所示。由于流管是由一族流线所围成的，因此流管内外的液体不能穿越它流出或流入，只能由流管的一端流入而从另外一端流出，这样流管就可以看作为管壁。恒定流时流管的形状不随时间变化。当封闭曲线 l 所包围的面积无限小时，充满微小流管内的液流称为元流。由于元流的过水断面面积很小，因此可以认为元流过水断面面积上的流速、动水压强等运动要素是均匀分布的；当曲线 l 所包围的面积具有一定尺度时，充满流管内的液流称为总流。总流可以看作为无数元流的总和。

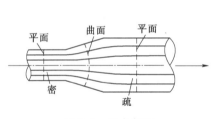

图 3.2　过水断面

图 3.3　流管

3.1.5　均匀流和非均匀流

1. 均匀流

流线是相互平行直线的流动称为均匀流，如液体在直径不变的直线管道中的运动。均匀流具有如下特点：

(1) 过水断面为平面，其形状和尺寸沿程不变。

(2) 各过水断面上的流速分布相同，各断面上的平均流速相等。

(3) 过水断面上的动水压强分布规律与静水压强分布规律相同，即在同一过水断面上 $z+\dfrac{p}{\gamma}=$ 常数，但是，不同过水断面上这个常数是不同的，它与流动的边界形状变化和水头损失等有关。

2. 非均匀流

流线不是相互平行直线的流动称为非均匀流。根据流线弯曲的程度和彼此间的夹角大小又将非均匀流分为渐变流和急变流。

如流线几乎是平行的直线（如果有弯曲其曲率半径很大，如果有夹角其夹角很小），这样的流动称为渐变流。由于流线近乎是平行直线，则流动近似于均匀流，所以可以近似地认为：渐变流过水断面上的动水压强也近似按静水压强规律分布，即 $z+\dfrac{p}{\gamma}=$ 常数。但是需要

注意：此结论只适合于有固体边界约束的水流，如图 3.4（a）所示。在图 3.4（b）中管路出口断面上的动水压强就不符合静水压强分布规律，即 $z+\dfrac{p}{\gamma}\neq c$（常数），这时断面上各点处的动水压强均等于大气压强 p_a。

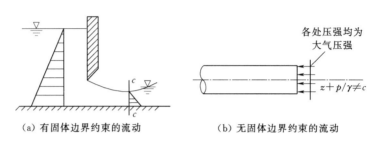

（a）有固体边界约束的流动　　　　　（b）无固体边界约束的流动

图 3.4　渐变流

　　流线弯曲的曲率半径很小，或者流线间的夹角很大的流动均称为急变流。急变流多发生在流动边界急剧变化的地方，如图 3.5（a）所示，溢流坝面上Ⅰ和Ⅱ处的流动就是急变流。

　　急变流中过水断面上的动水压强不按静水压强规律分布。因为这时作用力除了动水压力和重力之外，还需要考虑离心惯性力。当离心力的方向与重力的方向相反时，断面上任意一点的动水压强小于静水压强，如图 3.5（b）所示。当离心力的方向与重力的方向相同时，断面上任意一点的动水压强将大于静水压强，如图 3.5（c）所示。

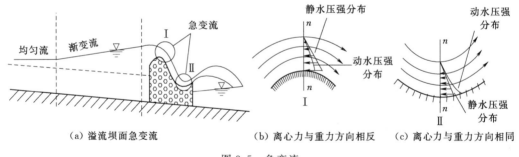

（a）溢流坝面急变流　　　　（b）离心力与重力方向相反　　　　（c）离心力与重力方向相同

图 3.5　急变流

3.1.6　层流和紊流

　　层流和紊流是两种不同的流动形态，它们是从水流内在结构来分类的。

　　1. 层流

　　水流质点作有条不紊地规则运动，各层之间互不混掺，这种流动形态称为层流。层流不存在流速和压力等水流运动要素的脉冲量。这种流动发生在低流速或高黏性流体中。

　　2. 紊流

　　水流质点沿着不规则的路径运动，同时互相混掺，发生随机碰撞，这种流动形态称为紊流。紊流是由各种不同尺度涡体组成的，而且对时间和空间都是随机运动。在工程中我们感兴趣的许多实际水流问题都是紊流。

3.1.7　有势流和有涡流

　　液体质团运动的基本运动形式可分为 3 种，即平移、转动和变形。凡是质点流速不形成微小质团转动的流动叫有势流。反之，如质点流速形成微小质团的转动，则叫有涡流。

3.2 连 续 方 程

质量守恒定律在水力学中的具体表现形式为连续方程。根据过流断面平均流速的概念，设在不可压缩流体恒定总流中，进口的过流断面面积为 A_1，断面平均流速为 v_1；出口过流断面面积为 A_2，断面平均流速为 v_2。根据质量守恒定律，在单位时间内流入进口断面的质量应与流出出口断面的质量相等。对不可压缩液体，有

$$A_1 v_1 = A_2 v_2 = Q \tag{3.3}$$

3.3 能 量 方 程

重力作用下实际液体恒定总流的能量方程为

$$z_1 + \frac{p_1}{\gamma} + \frac{\alpha_1 v_1^2}{2g} = z_2 + \frac{p_2}{\gamma} + \frac{\alpha_2 v_2^2}{2g} + h_{w1-2} \tag{3.4}$$

式中　　α——动能修正系数，可取 $1.05 \sim 1.10$，有时也取 1.0；

$\quad z$——由某一基准面算起的单位重量液体的位置势能，又叫位置水头；

$\quad \dfrac{p}{\gamma}$——单位重量液体的压强势能，又叫压强水头；

$\quad \dfrac{\alpha v^2}{2g}$——单位重量液体的动能，又叫速度水头；

$\quad h_{w1-2}$——单位重量液体由断面（点）1 到断面（点）2 过程中的能量损失，又叫水头损失。

单位重量液体所具有的总机械能（位能、压能、动能之和）也称为总水头，即

$$H = z + \frac{p}{\gamma} + \frac{\alpha v^2}{2g} \tag{3.5}$$

因此式（3.4）可写为

$$H_1 = H_2 + h_{w1-2} \tag{3.6}$$

因为式（3.4）中各项均具有长度量纲，所以可以用线段表示，如图 3.6 所示。

水头线相关说明：

（1）对于管路，一般取断面形心的位置水头 z 和压强水头 $\dfrac{p}{\gamma}$ 为代表。

（2）各断面的 $\left(z + \dfrac{p}{\gamma}\right)$ 的连线称为测压管水头线。它可以是上升的，也可以是下降的，可以是直

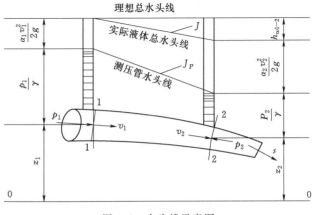

图 3.6　水头线示意图

线，也可以是曲线。这取决于边界的几何形状。

（3）各断面 $z+\dfrac{p}{\gamma}+\dfrac{\alpha v^2}{2g}$ 连线称为总能线或者总水头线，它可以是直线，也可以是曲线，但总是下降的，因为实际液体流动时总是有水头损失的。而理想液体的总水头线是水平的。

（4）单位流程长度上总水头线的降低值称为水力坡度，记为 J。当总水头线为直线时：

$$J=\frac{H_1-H_2}{s}=\frac{h_{w1-2}}{s} \tag{3.7}$$

当总水头线为曲线时，J 不为常数，任意过水断面上的水力坡度为

$$J=-\frac{\mathrm{d}H}{\mathrm{d}s}=\frac{\mathrm{d}h_w}{\mathrm{d}s} \tag{3.8}$$

3.4　动　量　方　程

动量定律也是液体运动中的一个普遍规律。根据理论力学，动量定律可表达为质点系的动量（主矢）随时间的变化率等于作用于该质点系的外力的矢量和（主矢）。在直角坐标系中的恒定总流的动量方程为

$$\left.\begin{array}{l} F_{cvx}=\rho Q(\alpha_{02}v_{2x}-\alpha_{01}v_{1x}) \\[4pt] F_{cvy}=\rho Q(\alpha_{02}v_{2y}-\alpha_{01}v_{1y}) \\[4pt] F_{cvz}=\rho Q(\alpha_{02}v_{2z}-\alpha_{01}v_{1z}) \end{array}\right\} \tag{3.9}$$

式中　　　　　α_0——动量修正系数，一般为 $1.05\sim1.10$，为简单起见也可采用 1.0；

ρ——密度；

Q——流量；

F_{cvx}、F_{cvy}、F_{cvz}——外力在 x、y、z 方向上的投影；

v_x、v_y、v_z——断面平均流速在 x、y、z 方向上的投影；

下标"1"——流入；

下标"2"——流出。

应用动量方程应注意如下事项：

（1）在渐变流断面间取控制体，便于用能量方程求压强 p。

（2）原则上压强标准可以采用相对压强或绝对压强，但采用相对压强更方便些。

（3）视其方便选取坐标轴方向，注意作用力及速度的正负号。

（4）外力 F 应该包括作用在控制体上的所有质量力、表面力（主要指压力）和固体边界的反作用力。固体边界的反作用力的方向可以事先假设。解出为正时说明假设的反作用力方向与实际相符合，否则实际的反作用力方向与假设方向相反。

（5）应为流出控制体的动量减去流入控制体的动量。

（6）当问题中所需要的流速和压强均未知时，需要与连续方程和能量方程联解。

实验 3.1　水流的能量转换实验

【实验目的与要求】

（1）水流在管内做恒定流动的情况下，当管道断面改变时，观察动能与势能的变化；

（2）测定各断面单位重量水体的位置水头（z）、压强水头 p/γ 和速度水头 $\left[v^2/(2g)\right]$，从而加深对伯努利方程的理解。

（3）掌握测压管水头线以及总水头线的实验测量技能与绘制方法。

【实验设备与仪器】

（1）装有溢流与稳水设备的水箱，可提供恒定流动。

（2）一条被测管道，沿程布置 9 个测点，在管道末端装有流量调节阀。

（3）测压排。

（4）量筒（2000cm³）1 个。

（5）秒表。

能量转换实验设备简图见图 3.7。

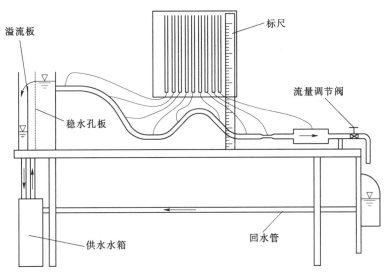

图 3.7　能量转换实验设备简图

【实验原理】

在实验管路中沿水流方向取 n 个过水断面，在恒定流动时，可以列出相邻两个断面的能量方程：

$$z_1+\frac{p_1}{\gamma}+\frac{\alpha_1 v_1^2}{2g}=z_2+\frac{p_2}{\gamma}+\frac{\alpha_2 v_2^2}{2g}+h_{w1-2} \tag{3.10}$$

式中　　z——位置水头；

$\dfrac{p}{\gamma}$——压强水头；

$z+\dfrac{p}{\gamma}$——测压管水头；

$\dfrac{\alpha v^2}{2g}$——速度水头；

h_{w1-2}——能量损失。

由式（3.10）可以看出，总机械能在相互转化的过程中有一部分由于克服流体阻力转化为水头损失。机械能中的动能和势能可以相互转化，此消彼长。能量方程的物理意义是总机械能的平均值沿流程减小，部分机械能转化为势能而损失。其几何意义是各过水断面上平均总水头沿流程下降。

选定基准面，则各测点对应的位置水头 z 为已知值。从对应的测压管中读取测压管水头 $z+\dfrac{p}{\gamma}$，减去相应的位置水头即可得到各测点的压强水头 $\dfrac{p}{\gamma}$。测出管道中的流量，即可计算出断面平均流速 v 和流速水头 $\dfrac{v^2}{2g}$，从而得到各测点的总水头。

【实验步骤与方法】

（1）熟悉实验设备，记录各断面尺寸及测点位置；

（2）打开水泵电源，当上游水箱充满水并形成稳定溢流以后，打开流量调节阀排除被测管道内的气体，之后关闭流量调节阀，检查各测压管水面是否平齐，如不平则表示系统内有气泡阻塞，需排气调平。

（3）调平后开启流量调节阀门调节流量，稳定后（3～5min）记录各测压管读数，并用体积法测量流量（流量要求测两次，相对误差不超过 1%）。

（4）改变阀门开度，重复实验步骤（3）。

【注意事项】

（1）阀门开启一定要缓慢，并注意测压管中水位的变化，不要使测压管水面下降太多，以免空气倒吸入管路系统，影响实验进行。

（2）阀门开启后一定要待流量稳定才能读数。

（3）流速较大时，测压管水面有跳动现象，读数时一律取平均值。

（4）实验结束时，关闭流量调节阀门，检查测压管是否依旧保持齐平，如不齐平，表示有气泡阻塞，使实验结果不正确，要排除气泡后重做。

【思考题】

（1）实验中，哪个测压管水面下降最大？为什么？

（2）水平管上的两测点的压差是否可以用测压管的水柱高度差 Δh 表示？此压差是否就是该两点间的能量损失？任何情况下，压差即代表能量损失，这句话对吗？

（3）当关闭流量调节阀门时，各测压管中的水面为什么与水箱中的水面在同一高度？这个高度表示什么水头？

（4）为什么稳压水箱中要始终保持有水溢出？

【实验资料整理】

实验记录和计算项目见表3.1。

【实验报告要求】

（1）实验目的要求。

（2）实测数据。

表 3.1 　　　　　　　　　　　　　　实验记录和计算项目

流量 $Q/(\text{cm}^3/\text{s})$	测点 位置	直径 /cm	面积 /cm^2	测压管 水头 $z+\dfrac{p}{\gamma}$	压强水头 $\dfrac{p}{\gamma}$	流速 $v/(\text{cm/s})$	速度水头 $\dfrac{v^2}{2g}$	总水头 H	断面间 能量损失
Q_1	1 2 ⋮								
Q_2	1 2 ⋮								

（3）计算数据。

（4）用方格纸绘制测压管水头线及总水头线。

（5）通过实验有何收获？得出哪些主要结论？

实验 3.2　动 量 定 律 实 验

【实验目的与要求】

测定水流射向平板时的冲击力。将测出的冲击力与用动量方程计算出的冲击力进行比较，加深对动量方程的理解。

【实验设备与仪器】

动量定律实验装置构造及装配如图 3.8 所示。

流量的测量使用重量法。

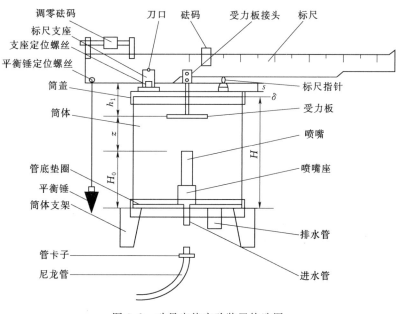

图 3.8　动量定律实验装置构造图

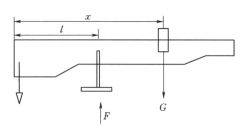

图 3.9　射流冲击力的测量

【实验原理】

（1）求射流对受力板的冲击力。实验前砝码位于标尺零点，将标尺调成水平状态。实验时，水流经喷嘴喷射到受力板上，标尺倾斜，此时调整砝码至某一读数 x 位置，使标尺恢复水平，如图 3.9 所示。根据砝码重量 G 可求得射流对受力板的冲击力 F。由杠杆平衡原理：

$$Fl = Gx \qquad (3.11)$$

由式（3.11）可求出

$$F = \frac{x}{l}G$$

式中　F——射流对受力板的冲击力，N；

　　　　l——冲击力臂，m；

　　　　x——砝码移动的距离，m；

　　　　G——砝码的重量，N。

（2）根据动量方程计算射流对受力板的冲击力。依上述步骤将标尺调平后，在排水管下方用体积法或重量法测得流量（也可用流量计）根据喷嘴出口直径，可求出喷嘴出口断面的平均流速 v_0。

由动量方程，可求得射流对受力板的作用力：

$$F_{理} = \rho Q v_0 (1 - \cos\alpha) \qquad (3.12)$$

考虑射流高差、能量损失及其他影响因素，实际射流作用力 $F_{实}$ 应小于 $F_{理}$，对式（3.12）应予以修正。

$$F_{实} = K\rho Q \sqrt{v_0^2 - 2gz}\,(1 - \cos\alpha) \qquad (3.13)$$

式中　K——经实验求得的修正系数，建议按表 3.2 选用；

　　　　ρ——水的密度，kg/m^3；

　　　　Q——射流流量，m^3/s；

　　　　v_0——喷嘴出口流速；

　　　　z——射流喷射高度。

表 3.2　　　　　　　　　　　　　　　　　K 值 表

板型	嘴径/mm	K 值	板型	嘴径/mm	K 值
平	10	0.90	曲	10	0.96
平	8	0.83	曲	8	0.90

$$z = H + \delta + s - h_1 - H_0$$

式中　H_0、s——实测值；

　　　　$\delta = 10mm, H = 248mm, h_1 = 100mm$（平板，曲面板）；

　　　　α——射流入口流速与出口流速的夹角（面板转折角），平板时 $\alpha = 90°$，曲面板时 $\alpha = 135°$。

【实验步骤与方法】

（1）记录有关实验数据。

（2）按仪器结构图装配好各零件。将其放置在平且无振动影响的工作台上，调整标尺支座定位螺丝，使受力板与喷嘴对中，将砝码移至标尺零点。调节调零砝码，观察标尺指针，使标尺处于水平位置。

（3）缓缓打开进水阀门，水流从喷嘴射出，冲击受力板，标尺倾斜，调整砝码位置，使标尺恢复水平位置。记下此砝码位置上的标尺读数。并测量此平衡位置状态下的流量。

（4）改变进水阀门开度，重复上述步骤（3），可测出不同流量下的数据。

【思考题】

（1）作用力的实测值和计算值有差异，除实验误差外，还有什么原因？

（2）流量很大和流量很小时，各对实验有什么影响？

【实验资料整理】

喷嘴直径 $d=$ _____ cm　　　　喷嘴面积 $A=$ _____ cm^2

射流喷射高度 $z=$ _____ cm　　面板转折角 $\alpha=$ _____ （°）

实验表格见表 3.3。

表 3.3　　　　　　　　　　　动 量 定 律 实 验 表

实验次数	$F_{测}=\dfrac{Gx}{l}$（实验值）				$F_{计}$（计算值）						误差百分数 $\Delta=\dfrac{F_{计}-F_{测}}{F_{计}}$ /%
	x/cm	重量 G/N	l/cm	$F_{测}$/N	初重/kg	终重/kg	经过时间 /s	流量 Q/(cm^3/s)	流速 v/(cm/s)	$F_{计}$/N	
1											
2											
⋮											

【实验报告与要求】

（1）实验目的与要求。

（2）实测数据。

（3）计算数据。

（4）求出不同流量下，板上作用力实测值与计算值，并进行比较。

（5）写出心得体会。

实验 3.3　平面势流的水电比拟实验

【实验目的与要求】

（1）学习用电比拟法研究势流问题。

（2）用电比拟法测定圆柱绕流流场等势线分布。

（3）用电比拟法测定绕圆柱表面的压力系数 C_p 的分布。

【实验设备与仪器】

（1）模型制作。模型盘用有机玻璃制作，如图 3.10 所示。盘的底面应有坐标刻度，并划出直径与圆柱模型相等的圆周线和角度 θ。圆柱用有机玻璃制作（或用其他不导电的材料做成），用黏合剂与模型底面黏合在一起以防渗水。流场上下游边界等势线用铜条模拟，流场两侧边界流线由不导电材料模拟做成。实验盘内盛水（深 1cm），以水为导电体模拟流场区（或用导电介质均匀的导电纸）。

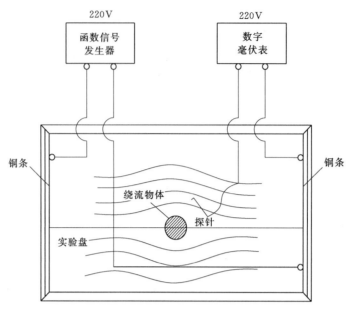

图 3.10　实验设备简图

（2）仪器与用途。

1）函数信号发生器，为两极板提供一定的电压。

2）数字毫伏表，用来测量等电位线。

3）探针，用来寻找等势线的位置。

【实验原理】

电比拟法是根据流场中流体的势流和电场中的电流可用相同的数学方法来描述而建立的，见表 3.4。

表 3.4　　　　　　　　　　　速　度　势　和　电　势

参　　　数	速度势 φ	电位势 U
流速	$u = \dfrac{\partial \varphi}{\partial x}$，$v = \dfrac{\partial \varphi}{\partial y}$	电流强度 $i_x = \dfrac{\partial U}{\partial x} c$，$i_y = -\dfrac{\partial U}{\partial y} c$ （c 导电系数）
连续方程	$\dfrac{\partial u}{\partial x} + \dfrac{\partial v}{\partial y} = 0$	$\dfrac{\partial i_x}{\partial x} + \dfrac{\partial i_y}{\partial y} = 0$
拉普拉斯方程	$\dfrac{\partial^2 \varphi}{\partial x^2} + \dfrac{\partial^2 \varphi}{\partial y^2} = 0$	$\dfrac{\partial^2 U}{\partial x^2} + \dfrac{\partial^2 U}{\partial y^2} = 0$

因而在实验中测量电场的有关电量，就可根据比拟关系计算出流场中的有关参数。

因速度势 φ 在流场中沿着流线方向变化（图 3.11），电势 U 在电场中则沿着电流方向变化，二者的分布相似。所以沿流线经过 Δs 距离时，这两种势函数的增量必互成比例。

圆柱体表面的压力系数：

$$C_\mathrm{p} = \frac{p_i - p_\infty}{\dfrac{1}{2}\rho v_\infty^2} = 1 - \left(\frac{v_i}{v_\infty}\right)^2 \tag{3.14}$$

因为

$$\frac{v_i}{v_\infty} = \frac{\Delta \varphi_i}{\Delta s_i} \left/ \frac{\Delta \varphi_\infty}{\Delta s_\infty} \right. = \frac{\Delta U_i}{\Delta s_i} \left/ \frac{\Delta U_\infty}{\Delta s_\infty} \right. \qquad (3.15)$$

所以

$$C_p = 1 - \left(\frac{\Delta U_i}{\Delta s_i}\right)^2 \left/ \left(\frac{\Delta U_\infty}{\Delta s_\infty}\right)^2 \right. \qquad (3.16)$$

在电场测量中如果采用单测针，使 $\Delta U_\infty = \Delta U_i$，则

$$C_p = 1 - \left(\frac{\Delta s_\infty}{\Delta s_i}\right)^2 \qquad (3.17)$$

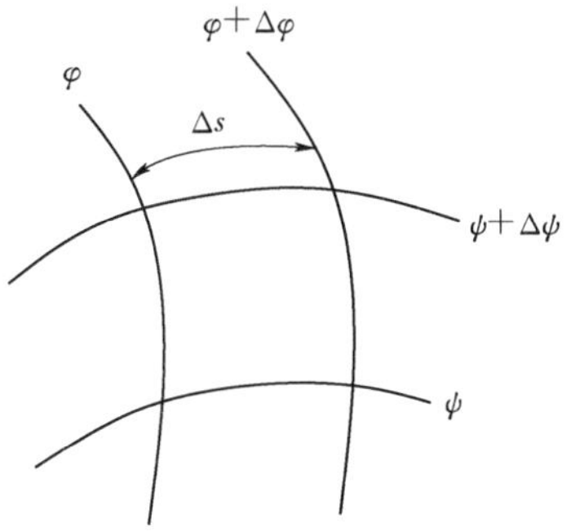

如果采用双测针，使两测针之间的距离 Δs 固定不变，即

$$\Delta s = \Delta s_i = \Delta s_\infty$$

则

$$C_p = 1 - \left(\frac{\Delta U_i}{\Delta U_\infty}\right)^2 \qquad (3.18)$$

图 3.11　速度势

【实验步骤与方法】

（1）熟悉使用的实验仪器与设备，把导电液倒入模型盘内，并调整使其各处水深相等，接好测量仪表及探针。

（2）经指导教师检查线路后，接通函数信号发生器与毫伏表的电源。

（3）10min 后，将毫伏表量程调到所需的范围内，同时核准毫伏表零点读数。

（4）将上、下游两端电压 E 分为 10 等份，并将探针沿正交流线方向左右移动寻找 $\dfrac{E}{10}$ 的位置，记录该点的坐标，将所有 $\dfrac{E}{10}$ 电压的点连接起来就是一条等势线（为了便于计算，圆柱体表面应测出一点）。

（5）用同样的方法寻找 $\dfrac{2E}{10}$，$\dfrac{3E}{10}$，…的位置。

【思考题】

（1）用电比拟法研究二元势流时，为什么要用交流电场而不用直流电场？

（2）如果圆柱用导体做成，试考虑极板应放在什么位置上？

【实验资料整理】

（1）把等势线上各点的位置描绘在方格纸上。

（2）根据实测的等势线画出流线。

（3）请按表 3.5 计算圆柱表面压力系数 C_p。

表 3.5　　　　　　　　　　　　　　　　　C_p 计 算 表

位置	Δs_∞	Δs_i	$\dfrac{\Delta s_\infty}{\Delta s_i}$	$C_p = 1 - \left(\dfrac{\Delta s_\infty}{\Delta s_i}\right)^2$
1				
2				

续表

位置	Δs_{∞}	Δs_i	$\dfrac{\Delta s_{\infty}}{\Delta s_i}$	$C_p = 1 - \left(\dfrac{\Delta s_{\infty}}{\Delta s_i}\right)^2$
3				
4				
5				
6				
7				
8				
9				
10				

圆柱体直径 $d =$ ＿＿＿＿＿ mm

（4）理论计算公式。

$$
\left.
\begin{aligned}
\text{势函数} \quad \varphi &= u_r \cos\theta \left(1 + \frac{d^2}{r^2}\right) \\
\text{流函数} \quad \psi &= u_r \sin\theta \left(1 - \frac{d^2}{r^2}\right)
\end{aligned}
\right\}
\tag{3.19}
$$

圆柱表面处

$$u_r = 0, u_\theta = -2U\sin\theta \tag{3.20}$$

$$p - p_\infty = \frac{\rho U^2}{2}(1 - 4\sin^2\theta) \tag{3.21}$$

式中　d——绕流圆柱半径；

　　　U——来流流速；

　　　r——流场内任一点离原点的距离。

设 $U = 10\text{m/s}$，$p_\infty = p_0$，计算出理论值。

将计算出的柱体表面压力系数与实测值相比较。

实验 3.4　边界层流速分布与边界层厚度发展实验

【实验目的与要求】

（1）通过测量平板边界层的流速分布和厚度的发展，加深对边界层理论的理解。

（2）掌握测量边界层流速分布的方法。

【实验设备与仪器】

图 3.12 所示为 DQS-I 型气流多功能实验装置图。

由电动机带动通风机为实验提供风源，风经过风道进入稳压箱，由稳压箱经过收缩段将气流引入实验段供实验之用，然后气流排入大气中。

如图 3.13 所示为安装在收缩段出口处的实验段布置图，在实验段的中部垂直安装一块一侧壁面光滑另一侧壁面粗糙的铝制平板，平板可以沿实验段滑动，故可以测量平板不同断面处的流速分布和整个平板边界层的发展。

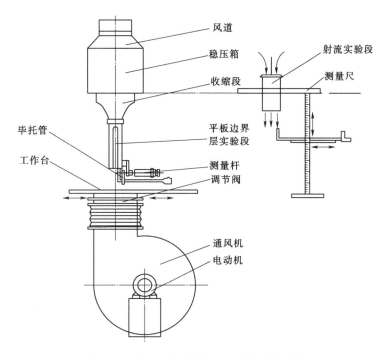

图 3.12　DQS-Ⅰ型气流多功能实验装置图

在实验段的出口装有一根精致的毕托管，它可以穿过边界层横断面来回移动，毕托管的位置可以通过一个横向移动装置来确定，此装置上装有千分卡尺和两根带弹簧的滑道以及接触指示灯，压力的测量通过测压计完成。

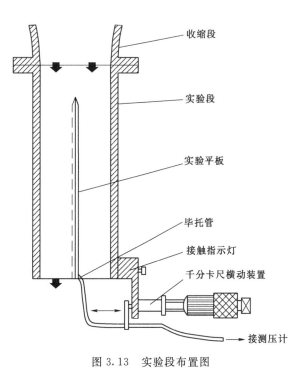

图 3.13　实验段布置图

【实验原理】

实际流体因存在黏性，紧贴壁面的流体将黏附于固体表面，其速度为零，沿壁面法线方向随着 y 值的增加，流体速度逐渐增大，在 $y=\delta$ 处，流速达到未受扰动的主流流速 u_0，这个厚度为 δ 的薄层就叫边界层（通常规定从壁面到 $u=0.99u_0$ 处的这段距离作为边界层的厚度）。

边界层的厚度沿平板长度方向是顺流增加的，在平板迎流的前段是层流边界层区，如果平板很长，则边界层可经过过渡区发展到紊流边界层区。但在紊流边界层中靠近平板表面仍有一层极薄的层流底层，如图 3.14 所示。

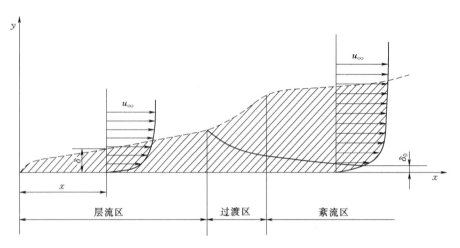

图 3.14　平板边界层的一般特征

从层流边界层过渡到紊流边界层可用雷诺数控制 $\left(Re_x = \dfrac{u_0 x}{\upsilon}\right)$。根据试验，临界雷诺数为 $5 \times 10^5 \sim 5 \times 10^6$。

由于推移厚度影响，实际上 $u_0 > u_\infty$。但本实验中推移厚度较小，故近似取 $u_0 = u_\infty$。

边界层的位移厚度 δ_1 和动量厚度 δ_2（图 3.15）：

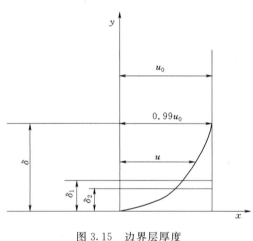

图 3.15　边界层厚度

（1）位移厚度（流量损失厚度）δ_1。由于边界层的存在使流速降低，因此通过的流量减少，减少的流量挤入边界层外部，迫使边界层外部的流线向外移动了一定的距离，这个距离称为边界层的位移厚度，用 δ_1 表示。即

$$u_0 \delta_1 = \int_0^{+\infty} (u_0 - u)\,\mathrm{d}y \qquad (3.22)$$

或

$$\delta_1 = \int_0^{+\infty} \left(1 - \frac{u}{u_0}\right)\mathrm{d}y = \int_0^{\delta} \left(1 - \frac{u}{u_0}\right)\mathrm{d}y$$

$$(3.23)$$

（2）动量厚度 δ_2。由于流速的降低使得通过边界层区域流体的动量减少，在边界层内实际的流量为 $\int_0^{+\infty} u\,\mathrm{d}y$，动量为 $\rho \int_0^{+\infty} uu\,\mathrm{d}y = \rho \int_0^{+\infty} u^2\,\mathrm{d}y$。如果设想流速未受到阻滞，为理想流体流动的流速 u_0，则动量为 $\int_0^{+\infty} uu_0\,\mathrm{d}y$，两者之差为 $\rho \int_0^{+\infty} (uu_0 - u^2)\,\mathrm{d}y$，相当于一个厚度为 δ_2 的流体层当流速为 u_0 时所具有的动量，即

$$\rho u_0^2 \delta_2 = \rho \int_0^{+\infty} (uu_0 - u^2)\,\mathrm{d}y \qquad (3.24)$$

或

$$\delta_2 = \int_0^{+\infty} \frac{u}{u_0}\left(1-\frac{u}{u_0}\right)\mathrm{d}y = \int_0^{\delta} \frac{u}{u_0}\left(1-\frac{u}{u_0}\right)\mathrm{d}y \tag{3.25}$$

边界层内位移厚度与动量厚度之比称为形状系数，用 H 表示，即

$$H = \frac{\delta_1}{\delta_2}$$

光滑平板层流边界层的实验成果可与理论解进行比较：

$$\frac{u}{u_0} = 2\left(\frac{y}{\delta}\right) - \left(\frac{y}{\delta}\right)^2 \tag{3.26}$$

紊流边界层的流速分布公式常表示为

$$\frac{u}{u_0} = \left(\frac{y}{\delta}\right)^{\frac{1}{n}} \tag{3.27}$$

当 $Re_x = 10^5 \sim 10^9$ 时，n 取 $5 \sim 8$。

【实验步骤与方法】

(1) 实验准备。

1) 检查测压计水平泡是否居中，按实验要求调整测压计液面高度并确定倾角。

2) 确定测量断面，检查实验板是否与实验段壁面平行。

3) 将毕托管尾部的皮管连到测压计上。

4) 把实验台面上的木板拿掉，以利于气流自由泄出。

(2) 将接触指示灯电线的一端连到固定板用的铜螺丝上，另一端接到毕托管上，然后慢慢放置千分卡尺，当毕托管刚一触及铝板时指示灯即发出亮光，此时应立即停止旋转（当毕托管快要接触铝板时一定要小心慢旋以防弄坏毕托管）。

(3) 接通电源，打开风道上的调节阀，进行测量。

(4) 记下千分卡尺亮灯时的初读数 y' 和测压计读数。反向旋转千分卡尺大约 0.05mm 左右停止旋转，记下千分卡尺读数 y'' 和测压计读数。重复上述操作 10 次（即测出 10 个点），靠近平板时点要密一些，远离平板时点要疏一点（即点的距离可大一点）。当测压计内的液体不再继续变化时所测得的流速即认为达到势流流速 u_0。算出 $u = 0.99u_0$ 时的 Δh 值，调节千分卡尺使测压计上的 Δh 值等于 $u = 0.99u_0$ 时的 Δh 值。此断面边界层厚度即为 $\delta = (y'' - y') + b/2$（$b$ 为毕托管前端的厚度）。

(5) 测平板边界层发展曲线时 $\delta_x = f(x)$ 是利用移动实验板的位置，使毕托管位于不同的 x 值处，并近似地认为 u_0 不随 x 而变。首先确定毕托管刚接触铝板时的读数 y'，而后测出势流流速 u_0，再根据 $u = 0.99u_0$ 时的 Δh 值，调节毕托管的位置，当测压计上的读数正好是 $u = 0.99u_0$ 时的 Δh 值时，千分卡尺上的读数为 y，该断面上边界层的厚度即为 $\delta = (y' - y) + b/2$。

(6) 松开螺丝钉，将铝板滑下一段距离，移动毕托管使压力计上的读数仍等于 Δh，记下该点千分卡尺读数，然后用公式 $\delta = (y'' - y') + b/2$ 确定该断面边界层厚度。这样一直做下去，将整个板不同断面的边界层厚度测出，就能得出一条边界层厚度发展曲线。

(7) 实验结束，关机停风，切断电源。

【注意事项】

(1) 该设备比较精密，使用前要了解操作方法，又因两组共用一个风机，系同一风源，

不要影响另一组实验。

（2）在整个实验过程中要注意稳压箱中的压强是否有变化。

（3）在实验过程中，气体密度随气流温度变化，要注意测量气流温度和大气压强。

【思考题】

（1）用单管毕托管与双管（总压管与静压管）毕托管测流速有什么不同？在什么条件下可使用单管毕托管？

（2）如何通过测到的流速曲线，计算位移厚度与动量损失厚度？

（3）平板壁面粗糙度不同，对边界层的流速分布与边界层厚度有什么影响？

【实验数据整理】

（1）已知数据。毕托管前部宽度 b，实验板长度 l，大气压强 p_a。

（2）实测与计算数据。气流温度 t，气体密度 ρ，气体运动黏滞系数 υ，稳压箱压强 p_0，千分卡尺的初读数 y'，千分卡尺在各测点的读数 y''，以及相应的测压计上的读数 Δh 等。

【实验报告要求】

（1）实验目的要求。

（2）实测数据。

（3）计算结果。

将实测数据与计算结果列表表示。

流速 u 可用式（3.28）计算：

$$u = \varphi \sqrt{2g \frac{\gamma}{\gamma'} \cos\alpha \, \Delta h} \tag{3.28}$$

式中　φ——毕托管的校正系数；

　　　γ——测压计内液体的容重；

　　　γ'——被测介质的容重；

　　　α——测压管与铅垂方向的夹角；

　　　Δh——测得的压差。

（4）绘制流速分布图。

绘制 $y - \dfrac{u}{u_0}$ 曲线与 $y - \dfrac{u}{u_0}\left(1 - \dfrac{u}{u_0}\right)$ 曲线。

（5）借助于以上两曲线求 δ_1 与 δ_2。

第4章　液体的流动形态及水头损失

由于实际液体中存在着黏性，因此当实际液体运动时一定有能量损失。在水力学中将能量损失称为水头损失。

4.1　水头损失产生的原因及分类

图 4.1 所示为一输水管路系统。管路中有进口、转弯、突扩、突缩和阀门。假设水头 H 一定，整个管路中的水头损失为 $h_{w_{1-2}}$，管路出口断面积和断面平均流速分别为 A 和 v，现在列水箱中 1—1 断面和管路出口 2—2 断面的能量方程，得

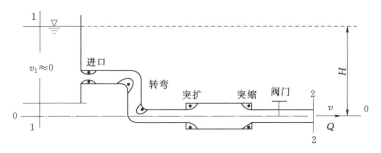

图 4.1　输水管系统

$$\left.\begin{aligned} H &= \frac{v^2}{2g} + h_{w_{1-2}} \\ v &= \sqrt{2g(H - h_{w_{1-2}})} \\ Q &= Av = A\sqrt{2g(H - h_{w_{1-2}})} \end{aligned}\right\}$$

由上式可以看出，当水头 H 一定时，流量随管路中水头损失的增加而减小。如果要求流量 Q 一定，随水头损失的增加则应提高水箱中的水位或增大管径。由此可见，管路中的水头损失直接影响着过水能力、水箱或水塔的高度、管路的断面尺寸，同时也影响管路各断面处压强的变化。为此，正确地计算管路中的水头损失是至关重要的。

从图 4.1 中可见，管路中的水头损失有以下两类：

（1）在管径沿程不变的直管段内的沿程水头损失记为 h_f，其大小和管长成比例，它是由液体的黏滞性和液体质点间的动量交换而引起的。

（2）在水流方向、断面形状和尺寸改变以及障碍处的局部水头损失记为 h_j。在这些局部地区产生许许多多的漩涡。漩涡的产生及维持漩涡的旋转，漩涡水体与主流之间的动量交换，漩涡间的冲击与摩擦等均需消耗能量而引起水头损失。因为这些损失均发生在管路的局部地区，所以称为局部水头损失。管路中各个管段产生的沿程水头损失及各局部地区产生的局部水头损失之总和可以用下式表示

$$h_w = \sum h_f + \sum h_j \tag{4.1}$$

影响水头损失的内因是水流的形态，外因是管长、壁面的粗糙度、断面形状和尺寸。水力半径大者沿程水头损失小，在其他条件相同时，过水能力也大，否则相反。

4.2　液体流动型态及雷诺数

同一种液体在同一管道中流动，当流速不同时液体有以下两种不同的运动型态：

（1）当流速较小时，各液层的质点互不混掺，做有条不紊的直线运动，此种流动型态称为层流。

（2）当流速较大时，管中形成涡体，各液层质点互相混掺，作杂乱无章的运动，此种流动型态称为紊流。

管流中沿程水头损失 h_f 与管中断面平均流速 v 之间的变化关系如图 4.2 所示，其中横坐标为 $\lg v$，纵坐标为 $\lg h_f$。

将液体流动型态转变时的流速称为临界流速。当流速由小变大时，变化曲线为 $ABCDE$，层流维持到 C 点，以后转变为紊流。C 点所对应的流速称为上临界流速，记为 v_{cr}'。当流速由大变小时，变化曲线为 $EDBA$，紊流维持到 B 点，以后转变为层流。B 点所对应的流速称为下临界流速，记为 v_{cr}。B、C 点之间称为过渡区，可能是层流也可能是紊流，依流速变化方式而定。线段 AC 和 DE 都是直线，可以用以下方程式表示：

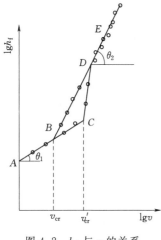

图 4.2　h_f 与 v 的关系

$$\lg h_f = \lg k + m \lg v$$

式中　$\lg k$——截距；

m——直线的斜率。

上式的指数形式为

$$h_f = k v^m \tag{4.2}$$

由实验可得到：AB 直线与水平轴夹角 $\theta_1 = 45°$，即 $m = 1$，所以层流时沿程水头损失与速度的一次方成比例。DE 线与水平轴夹角 $\theta_2 > 45°$，约为 $60°15' \sim 63°26'$，即 $m = 1.75 \sim 2.0$，所以紊流时的沿程水头损失与速度的 $1.75 \sim 2.0$ 次方成比例。

雷诺数是识别流动性质的基本准则，由下列无量纲式表示

$$Re = \frac{\rho d v}{\mu} = \frac{v d}{\upsilon} \tag{4.3}$$

式中　v——圆管断面的平均流速；

d——圆管直径；

ρ——液体的密度；

μ——液体的动力黏滞系数；

υ——液体的运动黏滞系数。

雷诺数表示作用在液流上的惯性力与黏性力的比值。当雷诺数较小时，表明作用在液流上的黏性力起主导作用，黏性力约束液流质点的运动，故成层流型态。当雷诺数大时，表明

作用在液流上的惯性力起主导作用，黏滞力再也约束不住液流的质点，液体质点在惯性力作用下可以互相混掺而呈紊流型态。这就是用雷诺数作为判别液流型态的理由。

相应于流态转变时的雷诺数称为临界雷诺数。相应于下临界流速 v_{cr} 的雷诺数称为下临界雷诺数，记为 Re_{cr}。相应于上临界流速 v'_{cr} 的雷诺数称为上临界雷诺数，记为 Re'_{cr}，实用上采用下临界雷诺数作为判别流态的准数，因为它比较稳定。而上临界雷诺数与液流的平静程度及来流有无干扰有关，其变化范围为 $1×10^4 \sim 5×10^4$。当流动的雷诺数 Re 小于下临界雷诺数 Re_{cr} 时肯定是层流。当流动的雷诺数 Re 介于上下临界雷诺数 Re'_{cr} 和 Re_{cr} 之间时，可能是层流也可能是紊流，但当层流受到外界干扰后也会变为紊流。而实际上液流总是不可避免地受到各种外界干扰的。也就是说，下临界雷诺数以上的液流最终总是紊流，下临界雷诺数以下的液流总是层流，所以一般都用下临界雷诺数作为判别流态的标准，也称它为临界雷诺数。

对于圆管中的流动，临界雷诺数为

$$Re_{cr} = \frac{v_{cr}d}{\nu} \approx 2300 \tag{4.4}$$

对于明渠及天然河道中的流动，临界雷诺数为

$$Re_{cr} = \frac{v_{cr}R}{\nu} \approx 500 \tag{4.5}$$

式中　R——明渠及天然河道过水断面的水力半径。

4.3 沿 程 水 头 损 失

4.3.1　沿程水头损失

沿程水头损失是指单位质量的液体从一个断面流到另一个断面由于克服摩擦阻力消耗能量而损失的水头。这种水头损失随流程的增加而增加；且在单位长度上的损失率相同。

沿程水头损失计算公式为

$$h_f = \lambda \frac{l}{4R} \frac{v^2}{2g} \tag{4.6}$$

式中　l——流程长度；

　　　R——水力半径，对于圆管管流 $R = d/4$，d 为圆管直径，对于宽浅明渠 $R \approx h$，h 为水深；

　　　v——断面平均流速；

　　　λ——沿程水头损失系数，其值随水流的流态而改变。

对于圆管，因为 $R = d/4$，所以

$$h_f = \lambda \frac{l}{d} \frac{v^2}{2g} \tag{4.7}$$

式（4.7）称为达西-威斯巴赫（Darcy - Weisbach）公式。

4.3.2　沿程水头损失系数

1. 层流区

圆管层流中的断面平均流速为

$$v = \frac{\gamma J}{32\mu} d^2 \tag{4.8}$$

由式（4.8）可知

$$J = \frac{32\mu}{\gamma d^2} v \tag{4.9}$$

又

$$J = \frac{h_{\mathrm{f}}}{l} \tag{4.10}$$

可得圆管层流运动沿程水头损失计算式：

$$h_{\mathrm{f}} = \frac{32\mu l}{\gamma d^2} v \tag{4.11}$$

比较式（4.10）与式（4.11）：

$$h_{\mathrm{f}} = \lambda \frac{l}{d} \frac{v^2}{2g} = \frac{32\mu v l}{\gamma d^2}$$

可得

$$\lambda = \frac{64\mu}{\rho v d} = \frac{64}{Re} \tag{4.12}$$

由式（4.12）可知，圆管层流的沿程水头损失系数 λ 只与雷诺数 Re 有关且成反比例关系。

2. 紊流区

尼古拉兹（J. Nikuradse）对不同相对粗糙度的人工管道，在不同流量下对沿程水头损失系数 λ 进行了实验。所谓人工管道，就是将粒径相同的砂粒贴附在管壁上的管道。设砂粒的直径为 k_{s}，管道半径为 r_0，则 k_{s}/r_0 称为管壁的相对粗糙度，而 r_0/k_{s} 称为管壁的相对光滑度。尼古拉兹实验中管壁粗糙度的范围为 $\dfrac{k_{\mathrm{s}}}{r_0} = \dfrac{1}{15}$，$\dfrac{1}{30.6}$，$\dfrac{1}{60}$，$\dfrac{1}{126}$，$\dfrac{1}{252}$，$\dfrac{1}{507}$。实验结果表明沿程水头损失系数 λ 与雷诺数 Re 和管壁相对粗糙度 $\dfrac{k_{\mathrm{s}}}{r_0}$ 有关，即 $\lambda = f\left(Re, \dfrac{k_{\mathrm{s}}}{r_0}\right)$，若以 Re 为横坐标，λ 为纵坐标，$\dfrac{k_{\mathrm{s}}}{r_0}$ 为参变数绘制在对数坐标上，如图 4.3 所示。

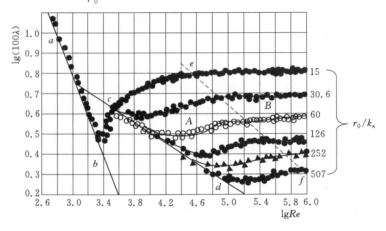

图 4.3 　尼古拉兹图

现在，对图 4.3 的分析如下：

(1) 当雷诺数 $Re < 2300$ 时，流动为层流，相对粗糙度不同的各实验点均落在直线 ab 上。它表明此时沿程水头损失系数 λ 只与雷诺数 Re 有关，而与相对粗糙度 k_s/r_0 无关，并且此直线满足下面关系式：

$$\lambda = \frac{64}{Re} \tag{4.13}$$

这与前面按层流理论分析得到的结果完全一致。同时也说明层流时的沿程水头损失与速度的一次方成比例。

(2) 当 $2300 \leqslant Re \leqslant 4000$ 时，流动由层流向紊流过渡，相对粗糙度不同的各实验点均落在曲线 bc 上。它说明此时沿程水头损失系数 λ 只与雷诺数有关。但是，由于此范围很窄，实际意义不大，一般不予考虑。

(3) 当雷诺数 $Re > 4000$ 时，流动为紊流中的水力光滑管流，相对粗糙度不同的各实验点均落在直线 cd 上。它表明此时沿程水头损失系数 λ 只与雷诺数有关，而与相对粗糙度 k_s/r_0 无关，此时粗糙突出高度淹没在层流底层的下面，因此对紊流流动区的流动没有任何影响。但是，相对粗糙度大的实验点首先离开这条直线。此直线满足下面关系式：

$$\lambda = \frac{0.3164}{Re^{1/4}}$$

结合式 (4.7) 可知：水力光滑管时沿程水头损失 h_f 与速度的 1.75 次方成比例。

(4) cd 线与虚线 ef 之间的 A 区，称为由水力光滑管向水力粗糙管的过渡区。相同相对粗糙度的各实验点均落在同一条曲线上，且上面曲线长，下面曲线短，各曲线由低变高。它说明在此区沿程水头损失系数 λ 同时与雷诺数 Re 和相对粗糙度 k_s/r_0 有关。

(5) 虚线 ef 右侧的 B 区，称为水力粗糙管区。相对粗糙度相同的各实验点分别落在不同的水平线上。它说明在此区沿程水头损失系数 λ 只与相对粗糙度 k_s/r_0 有关。同时沿程水头损失与速度的平方成比例，因此常将此区称为阻力平方区。

尼古拉兹图 (图 4.3) 虽然基本上反映了管路中沿程水头损失系数 λ 的变化规律，但是，由于它是在人工粗糙管道上进行的实验，因此它的结果具有特殊性，而一般实际的商品管道的粗糙度、粗糙形状和分布状态都是不规则的，因此，用尼古拉兹图求沿程水头损失系数 λ 是有局限性的。莫迪 (L. F. Moody) 针对工业管道 λ 的变化规律绘制了沿程水头损失系数图线，即图 4.4 所示的莫迪图。在实际管道的计算时就是用莫迪图确定沿程水头损失系数 λ 值。莫迪图中和尼古拉兹图中的 λ 变化规律基本相似，但是，由水力光滑管向水力粗糙管的过渡区中两者的 λ 变化规律不相同，在尼古拉兹图中 λ 随 Re 的增大而连续地增大，而在莫迪图中 λ 随 Re 的增大而连续地减小。

在紊流中，对不同的流区，λ 有不同的计算公式。

计算水力光滑管区和水力粗糙管区沿程水头损失系数 λ 的尼古拉兹公式：

水力光滑管区

$$\frac{1}{\sqrt{\lambda}} = 2\lg(Re\sqrt{\lambda}) - 0.8 \tag{4.14}$$

水力粗糙管区

$$\frac{1}{\sqrt{\lambda}} = 2\lg \frac{r_0}{k_s} + 1.74 \tag{4.15}$$

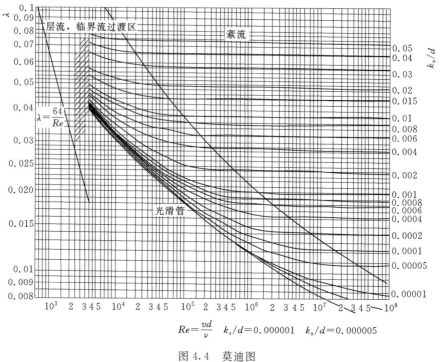

$$Re=\frac{vd}{\nu} \quad k_s/d=0.000001 \quad k_s/d=0.000005$$

图 4.4　莫迪图

对于过渡区，其沿程水头损失系数采用柯尔勃洛克公式，即

$$\frac{1}{\sqrt{\lambda}}=1.74-21g\left(\frac{k_s}{r_0}+\frac{18.7}{Re\sqrt{\lambda}}\right) \tag{4.16}$$

式（4.16）实际上是式（4.14）和式（4.15）的结合。当 Re 很小时，公式右边括号内的第二项很大，第一项相对较小，该式接近式（4.14）；当 Re 很大时，公式括号内第二项很小，该式接近式（4.15），因此，式（4.16）不仅适用于过渡区，而且可用于紊流的全部 3 个阻力区，所以又称为紊流的综合公式。

工程中常采用下面形式简单的经验公式和莫迪图计算圆管中紊流时沿程水头损失系数 λ：

（1）水力光滑管，用布拉休斯（P. R. H. Blasius）公式，即

$$\lambda=\frac{0.3164}{Re^{1/4}} \tag{4.17}$$

此式适用于 $4000<Re<10^5$ 的情况。

（2）紊流过渡区，用阿里特苏里公式，即

$$\lambda=0.11\left(\frac{68}{Re}+\frac{k_s}{d}\right)^{1/4} \tag{4.18}$$

对于水力光滑管可不计圆括号中的 $\frac{k_s}{d}$，对于水力粗糙管可不计圆括号中的 $\frac{68}{Re}$。

上面的式（4.14）～式（4.18）称为一般公式，它只适用于新管。此外，在给水管道工程中，舍维列夫提出了下面适用于旧铸铁管和旧钢管的专用公式：

（1）紊流过渡区，当 $v<1.2\text{m/s}$ 时：

$$\lambda = \frac{0.0179}{d^{0.3}}\left(1 + \frac{0.867}{v}\right)^{0.3}$$ (4.19)

（2）水力粗糙管区，当 $v \geqslant 1.2 \mathrm{m/s}$ 时：

$$\lambda = \frac{0.021}{d^{0.3}}$$ (4.20)

4.3.3 谢才公式

谢才公式可以由达西-威斯巴赫公式推导出来，也可以说，它和达西-威斯巴赫公式是一致的。达西-威斯巴赫公式的一般形式为

$$h_{\mathrm{f}} = \lambda \frac{l}{4R} \frac{v^2}{2g}$$ (4.21)

由此得

$$v = \sqrt{\frac{8g}{\lambda}}\sqrt{R\frac{h_{\mathrm{f}}}{l}}$$

令

$$C = \sqrt{\frac{8g}{\lambda}}$$ (4.22)

又水力坡度 $$J = \frac{h_{\mathrm{f}}}{l}$$

于是，得断面平均流速为

$$v = C\sqrt{RJ}$$ (4.23)

流量为

$$Q = CA\sqrt{RJ}$$ (4.24)

式（4.23）称为谢才公式。

式中　v——均匀流的断面平均流速；

　　　R——水力半径，$R = \dfrac{A}{\chi}$；

　　　J——水力坡度，对于明渠均匀流，$J = i$（渠底坡度）；

　　　C——谢才系数，$\mathrm{m}^{1/2}/\mathrm{s}$，可由下述经验公式确定。

1. 曼宁（R. Manning）公式

$$C = \frac{1}{n}R^{1/6}$$ (4.25)

式中　n——壁面的粗糙系数或者糙率，由实测得到，见表 4.1。

表 4.1　　　　　　　　　　各种壁面的粗糙系数 n 值

序号	壁面性质及状况	n
1	特别光滑的黄铜管、玻璃管	0.009
2	精致水泥浆抹面，安装及连接良好的新制的清洁铸铁管及钢管，精刨木板	0.011
3	正常情况下无显著水锈的给水管，非常清洁的排水管，最光滑的混凝土面	0.012
4	正常情况的排水管，略有积污的给水管，良好的砖砌体	0.013

续表

序号	壁面性质及状况	n
5	积污的给水管和排水管，中等情况下渠道的混凝土砌面	0.014
6	良好的块石坞工，旧的砖砌体，比较粗制的混凝土砌面，特别光滑、仔细开挖的岩石面	0.017
7	坚实黏土的渠道，不密实淤泥层（有的地方是中断的）覆盖的黄土、砾石及泥土的渠道，良好养护情况下的大土渠	0.0225
8	良好的干砌坞工，中等养护情况的土渠，情况极良好的河道（河床清洁、顺直、水流畅通、无塌岸深潭）	0.025
9	养护情况中等标准以下的土渠	0.0275
10	情况较坏的土渠（如部分渠底有杂草、卵石或砾石、部分岸坡崩塌等），情况良好的天然河道	0.030
11	情况很坏的土渠（如断面不规则，有杂草、块石，水流不畅等），情况较良好的天然河道，但有不多的块石和野草	0.035
12	情况特别坏的土渠（如有不少深潭及塌岸，杂草丛生，渠底有大石块等），情况不大良好的天然河道（如杂草、块石较多，河床不甚规则而有弯曲，有不少深潭和塌岸）	0.040

2. 巴甫洛夫斯基公式

$$C = \frac{1}{n} R^y \tag{4.26}$$

其中
$$y = 2.5\sqrt{n} - 0.13 - 0.75\sqrt{R}\left(\sqrt{n} - 0.10\right) \tag{4.27}$$

也可以近似地采用下面两式：

当 $R < 1\text{m}$ 时：

$$y = 1.5\sqrt{n} \tag{4.28}$$

当 $R > 1\text{m}$ 时：

$$y = 1.3\sqrt{n} \tag{4.29}$$

巴甫洛夫斯基公式的适用范围为

$$0.1\text{m} \leqslant R \leqslant 3\text{m}, \quad 0.011 \leqslant n \leqslant 0.04$$

注意：

（1）上面各公式均以 m 为单位。

（2）从原则上讲谢才公式对层流和紊流均适用。但是，由于粗糙系数 n 是从阻力平方区总结出来的，因此它只适用于均匀粗糙紊流。

（3）当不知道管道的沿程水头损失系数 λ，但知道粗糙系数 n 时，可以直接用谢才公式计算沿程水头损失。如果仍想用达西-威斯巴赫公式，可以先通过式（4.22）由 C 求出 λ，然后再代入达西-威斯巴赫公式。

（4）巴甫洛夫斯基公式常用于上下水道的水力计算中，而曼宁公式则常用于明渠和其他管道。

4.4　局　部　水　头　损　失

在过水断面形状、尺寸或流向改变的局部地区产生的水头损失称为局部水头损失，如在管路中的突扩、突缩、渐扩、渐缩、阀门、三通及转弯处均产生局部水头损失。

计算局部水头损失的一般公式为

$$h_{\mathrm{j}} = \zeta \frac{v^2}{2g} \qquad (4.30)$$

式中　h_{j}——局部水头损失；

　　　v——一般指产生局部水头损失处后面的断面平均流速；

　　　ζ——局部水头损失系数，由实验确定。

关于 ζ 值目前只有突然扩大可由理论计算求得，而其他情况均由实验获得。图 4.5 为断面突然扩大水流的示意图。

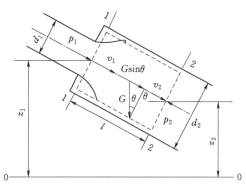

图 4.5　断面突然扩大示意图

列 1—1 断面和 2—2 断面的能量方程，忽略沿程水头损失：

$$z_1 + \frac{p_1}{\gamma} + \frac{v_1^2}{2g} = z_2 + \frac{p_2}{\gamma} + \frac{v_2^2}{2g} + h_{\mathrm{j}}$$

$$h_{\mathrm{j}} = (z_1 - z_2) + \left(\frac{p_1}{\gamma} - \frac{p_2}{\gamma} \right) + \left(\frac{v_1^2}{2g} - \frac{v_2^2}{2g} \right) \qquad (4.31)$$

由动量方程得

$$p_1 A_2 - p_2 A_2 + \gamma A_2 (z_1 - z_2) = \frac{\gamma}{g} A_2 v_2 (v_2 - v_1) \qquad (4.32)$$

上式两端除以 γA_2，得

$$(z_1 - z_2) + \left(\frac{p_1}{\gamma} - \frac{p_2}{\gamma} \right) = \frac{v_2}{g} (v_2 - v_1) \qquad (4.33)$$

将式（4.33）代入式（4.31），得

$$h_{\mathrm{j}} = \frac{v_2 (v_2 - v_1)}{g} + \frac{v_1^2 - v_2^2}{2g} = \frac{v_1^2 - 2 v_1 v_2 + v_2^2}{2g} = \frac{(v_1 - v_2)^2}{2g} \qquad (4.34)$$

将连续方程中的速度 $v_2 = v_1 \dfrac{A_1}{A_2}$ 或 $v_1 = v_2 \dfrac{A_2}{A_1}$ 代入式（4.34），得

$$h_{\mathrm{j}} = \left(1 - \frac{A_1}{A_2} \right)^2 \frac{v_1^2}{2g} = \zeta_1 \frac{v_1^2}{2g} \text{ 或 } h_{\mathrm{j}} = \left(\frac{A_2}{A_1} - 1 \right)^2 \frac{v_2^2}{2g} = \zeta_2 \frac{v_2^2}{2g} \qquad (4.35)$$

实 验 4.1　流 动 形 态 实 验

【实验目的与要求】

（1）观察流动的层流、紊流形态及其转换过程，从而对黏性液体的流动获得感性认识。

（2）学习测量圆管中雷诺数的方法。

（3）通过实验理解判定流动形态的无量纲参数 Re（雷诺数）的物理意义，测量下临界雷诺数，并找出不同流动形态的阻力规律。

【实验设备与仪器】

（1）装有溢流和稳水设备的水箱，可提供恒定流动。

（2）一细长有机玻璃管，在相距 0.7m 的位置上装有测压嘴，在末端装有流量调节阀。

（3）倾角为 30° 的斜压差计。

（4）量筒（2000cm³）1 个。

（5）秒表。

（6）有控制阀的染色水瓶。

实验装置如图 4.6 所示。

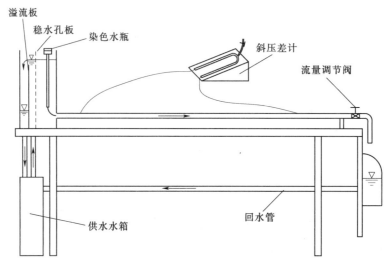

图 4.6　雷诺实验装置

【实验原理】

（1）流动现象。由于水流流态的可视性，在管路中装一着色喷射装置，观察当流速增加时，流动的特性。在低流速时，染色线保持一稳定的直线，一直延伸到全管路上，如图 4.7（a）所示，这时流动为层流。随着流速的增加，染色线的直线性受到破坏，下游开始波动，染色线表现出不稳定性，如图 4.7（b）所示。当流速再增加时，这些不稳定性的强度逐渐加强。当流速达到上临界流速时，染色线突然完全破碎且扩散到整个流动之中，如图 4.7（c）所示，这时的流动为紊流。

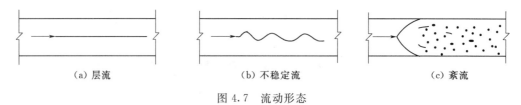

| （a）层流 | （b）不稳定流 | （c）紊流 |

图 4.7　流动形态

（2）计算公式。液体流动形态可用雷诺数来判别：

$$Re = \frac{vd}{\upsilon} = \frac{4Q}{\pi d\upsilon} = KQ \tag{4.36}$$

式中　Re——雷诺数；

　　　　v——管路中的平均流速，cm/s；

　　　　d——管路的直径，cm；

　　　　υ——运动黏滞系数，cm²/s，可查表 1.1；

V——集水量，cm^3；

T——集水时间，s；

K——常数，$K = \dfrac{4}{\pi d \upsilon}$。

当流量由零逐渐增大，流态从层流变为紊流，对应上临界雷诺数 Re_{cr}'。当流量由大逐渐变小，流态从紊流变为层流，对应下临界雷诺数 Re_{cr}。上临界雷诺数易受外界干扰，数值不稳定，而下临界雷诺数 Re_{cr} 的值比较稳定，因此一般以下临界雷诺数作为判别流态的标准。雷诺经反复测试，得出圆管流动的下临界雷诺数 Re_{cr} 值为 2300。

【实验步骤与方法】

（1）实验前的准备。

1）记录已知数据，管径 d，被测管道长 l。

2）开启水泵电源，使水箱充满水并保持溢流，打开流量调节阀排除被测管道内气体后关闭流量调节阀。

3）检查斜压差计两根测压管水面是否齐平，如不齐平说明系统有气泡存在，排气后方可调平。

（2）流动形态演示。

1）慢慢开启流量调节阀，使通过微小流量，保持水流稳定，然后打开染色水阀，避免任何干扰振动，此时可见管内染色水成一条直线随同管内清水一起流动，不与周围清水混掺，此时水流做层流运动。

2）轻轻缓慢地开大调节阀，逐步增大管内流量，则可观察到：染色线开始波动，波动的染色线呈现断裂卷曲，逐渐形成漩涡，最后极度紊动，色线扩散看不清了，管内水流已成紊流流态。

（3）下临界雷诺数的测定。

1）开大流量调节阀（注意水箱内需保持溢流）使管内水流成为完全紊流状态，待水流稳定后记录测压管读数、水温，用量筒测量水量并记录集水时间。

2）逐渐调节流量调节阀使流量由大到小，重复上述步骤1）并观察流动形态，要求紊流区有 7～8 个点，层流区有 4 个点。

3）实验完毕，依次关闭染色水阀、流量调节阀，检查斜压差计两测压管水面是否齐平。如不齐平，则需要排气后重做实验。

【注意事项】

（1）水箱内应始终保持溢流。

（2）开启阀门要轻且慢。

（3）流量调节阀只允许向一个方向旋转，中途不得逆转。

（4）接近下临界流动状态时，流量应微调。

（5）注意避免任何扰动。

（6）测流量时要求时间尽量长一些。

【思考题】

（1）层流转化为紊流的充分必要条件是什么？

（2）为什么下临界雷诺数较稳定，而上临界雷诺数不稳定？

【实验资料整理】

(1) 已知数据。

实验设备编号_____　　　　　　玻璃管内径 $d=$ _____ cm

两测点间长度 $l=$ _____ cm　　　水温 $t=$ _____ ℃

水的运动黏滞系数 $\upsilon=$ _____ cm^2/s

(2) 实测数据见表 4.2。

表 4.2　　　　　　　　　　　　流动形态实验数据表

次数	流动形态描绘	测压管读数			流量测定		
		左管	右管	压差	集水体积 /cm^3	集水时间 /s	流量 /(cm^3/s)
1							
2							
⋮							

(3) 计算数据见表 4.3。

计算常数 $K=\dfrac{4}{\pi d\upsilon}=$ _____。

表 4.3　　　　　　　　　　　　流动形态实验计算表

次数	流量 /(cm^3/s)	流速 /(cm/s)	雷诺数 Re	压差 $\dfrac{\Delta p}{\gamma}$ (h_f) /cm	$J=\dfrac{\Delta p/\gamma}{l}$
1					
2					
⋮					

【实验报告要求】

(1) 实验目的与要求。

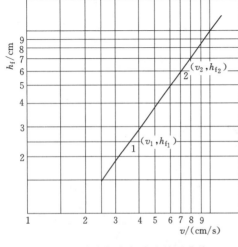

图 4.8　水头损失与流速关系曲线

(2) 观测数据及流态示意图。

(3) 计算数据。

(4) 在对数纸上绘出水头损失 $h_\mathrm{f}\left(\dfrac{\Delta p}{\gamma}\right)$ 和雷诺数（Re）关系曲线，求下临界雷诺数。

(5) 在对数纸上绘制水头损失与流速的关系曲线，并求不同流态下的表达式 $h_\mathrm{f}=K\upsilon^n$ 中的 K 与 n（图 4.8）：

$$n=\frac{\lg h_{\mathrm{f}_2}-\lg h_{\mathrm{f}_1}}{\lg \upsilon_2-\lg \upsilon_1}$$

$$\lg K=\frac{\lg h_{\mathrm{f}_1}\lg \upsilon_2-\lg h_{\mathrm{f}_2}\lg \upsilon_1}{\lg \upsilon_2-\lg \upsilon_1}$$

(6) 通过实验得出哪些规律性的结论。

实验 4.2 管流沿程阻力实验

【实验目的与要求】

(1) 深入了解圆管在恒定流动下的沿程水头损失变化规律，学会整理经验公式的方法。

(2) 学会测定管路沿程阻力系数（λ）的方法，并找出它的变化规律。

(3) 验证不同流区中水头损失与断面平均流速的关系，判断实验的区域。

【实验设备与仪器】

实验设备如图 4.9 所示，其中 U 形管压差计用于层流手动测量，智能微电脑巡检仪用于湍流电测，流量由"流量压差无极调控仪"来进行调节。

【实验原理】

沿程水头损失是指单位质量的液体从一个断面流到另一个断面，由于克服摩擦阻力消耗能量而损失的水头。这种水头损失随流程的增加而增加，且在单位长度上的损失率相同。

对于均匀断面的水平管路，沿程水头损失由达西公式给出：

$$h_f = \lambda \frac{l}{d} \frac{v^2}{2g}$$

式中　　λ——沿程损失系数；

　　　　v——管路中断面平均流速；

　　　　d——管道直径；

　　　　l——被测段管长。

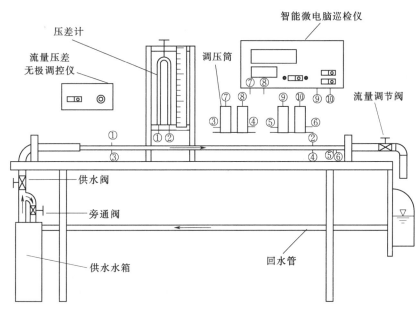

图 4.9　沿程阻力系数测定实验设备简图
注：图中相同数字代表该两点以软管连接。

若在实验中测得沿程水头损失 h_f 和断面平均流速 v，则可直接得到沿程水头损失系数：

$$\lambda = \frac{h_f 2gd}{l} \frac{1}{v^2} = \frac{h_f 2gd}{l} \left(\frac{\pi}{4} d^2 / Q \right)^2 = K_2 \frac{h_f}{Q^2}$$

其中

$$K_2 = \frac{\pi^2 g d^5}{8l}$$

由能量方程，得

$$h_f = \left(z_1 + \frac{p_1}{\gamma} \right) - \left(z_2 + \frac{p_2}{\gamma} \right) = \Delta h$$

其中压差可用压差计或电测仪测得。

对于圆管层流运动：

$$\lambda = \frac{64}{Re}$$

其中 Re 为雷诺数，由下式确定：

$$Re = \frac{vd}{v} = K_1 Q$$

式中　$K_1 = \dfrac{4}{\pi d v}$。

【实验步骤与方法】

（1）熟悉实验设备，记录被测管道内径、长度。

（2）实验准备。

1）排气：先将实验管道末端出水阀全开，将巡检仪上测量选择开关打到湍流档，然后打开巡检仪上的电源开关，再打开"沿程阻力流量压差无极调控仪"的电源开关，将无极调控仪的流量压差调控旋钮开到最大，待实验管道出水排气稳定后，将巡检仪的测量选择开关打到层流档约 2～3s 后立刻切换回湍流档，实现对层流测压管路的排气（若倒 U 形测压管右管水位过满，可以短暂关闭总电源 2～3s 后再次打开）。最后，将无极调控仪的流量压差旋钮调到较低的流量（使压差在 50～100cm 范围内），关闭出水阀。

2）液气调压筒初始化：同时拧松一组调压筒的侧壁气阀，对调压筒注水，直至淹没气阀后，拧紧气阀。

3）调零：此时出水阀全关、测量选择开关为湍流电测档，先将巡检仪上自动巡回检测开关打到流量档，检查巡检仪显示值是否为零，若不，则旋转调零旋钮使其为零；再将自动巡回检测开关打到压差档，若显示不为零，则旋转调零旋钮使其为零。

（3）测量实验——层流实验。

1）将巡检仪上测量选择开关打到层流手测档，管式测压计止水电阀门自动打开，层流实验为手动测量，其中流量由体积法测量，压差由 U 形管压差计测量，温度值由巡检仪温度表显示。

2）将流量压差调控旋钮调到低压（压差在 50～100cm 范围内）状态，关闭管道出水阀，测压架 1、2 号管内水面应基本齐平，否则需重复实验准备中的排气操作。缓慢调大出水调节阀门，通过很小流量，才能进行层流实验；低温时层流最大压差控制在 2.5cm 以内，高温时最大压差控制在 2cm 以内。层流下不同流量测量 3 次。

（4）测量实验——湍流实验。

1）将测量选择开关打到湍流电测档，管式测压计止水阀自动关闭，全开管道出水阀，调节自动巡回检测开关到中间档，巡检仪自动巡回检测并分别显示流量及压差，待稳定后记录流量、压差及温度值。

2）适当调节流量压差无极调控仪上的调控旋钮改变流量，重复实验步骤 1）5 次。

（5）实验结束后，全开出水阀，依次关闭流量压差无极调控仪电源和巡检仪电源，整理好仪器。

【注意事项】

层流受温度影响较大，请先测层流再测湍流。无极调控仪的流量压差调控旋钮开到最大时，出水流量最大，请保证管道出水阀全开。

【思考题】

（1）随着管路使用年限的增加，$\lambda - Re$ 关系曲线会有什么变化？

（2）生产上需要测定塑料管的 λ 值，应如何进行？

（3）如果实验段管路倾斜安装，那么压差计中液面差是否还是损失？

【实验资料整理】

（1）已知数据。

实验设备号＿＿＿＿＿＿＿＿　　　　被测段管长 $l =$ ＿＿＿＿＿＿＿＿ cm

水管直径 $d =$ ＿＿＿＿＿＿＿＿ cm　　　水管断面面积 $A =$ ＿＿＿＿＿＿＿＿ cm^2

水温 $t =$ ＿＿＿＿＿＿＿℃　　　　　运动黏滞系数 $\upsilon =$ ＿＿＿＿＿＿＿＿ cm^2/s

（2）观测数据及计算数据见表 4.4。

$$K_1 = \frac{4}{\pi d \upsilon} = \text{＿＿＿＿＿＿＿} \text{ s/cm}^3 \qquad K_2 = \frac{g \pi^2 d^5}{8l} = \text{＿＿＿＿＿＿＿} \text{ cm}^5/\text{s}^2$$

表 4.4　　　　　　　　　　**管流沿程阻力实验观测数据及计算数据表**

实验组次	水头损失			流量			断面平均流速 v/(cm/s)	雷诺数 $Re = K_1 Q$	沿程阻力系数 $\lambda = K_2 \dfrac{h_f}{Q^2}$
	压差计读数		压差 Δh /cm	体积 /cm^3	时间 T/s	流量 Q/cm^3/s			
	$\dfrac{p_1}{\gamma}$/cm	$\dfrac{p_2}{\gamma}$/cm							
1									
2									
⋮									

【实验报告要求】

（1）实验目的与要求。

（2）实测数据。

（3）计算数据（应有公式与计算实例）。

（4）在双对数纸上绘制 $h_f - v$ 曲线，根据具体情况连成一段或几段直线，求出 $h_f = K v^n$ 中的 K 和 n。

（5）在双对数纸上绘制 $\lambda - Re$ 曲线，并与已知一般规律进行比较（尼古拉兹曲线、莫迪图等）。

（6）写出心得体会。

实验 4.3　管 路 局 部 阻 力 实 验

【实验目的与要求】

（1）掌握管路中测定局部阻力系数的方法。

（2）把测定的突然扩大局部阻力系数值与理论计算值相比较，把转弯处局部阻力系数值与经验公式计算值相比较。

（3）了解影响局部阻力系数的因素。

【实验设备与仪器】

实验设备简图如图 4.10 所示。测量仪器有测压管、量筒、秒表。

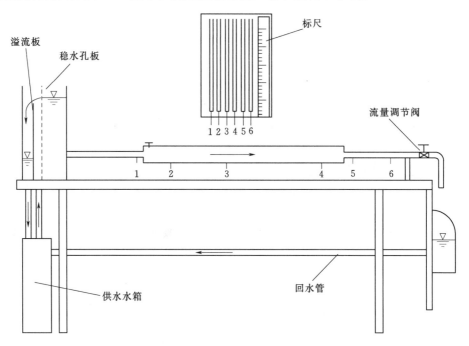

图 4.10　局部阻力系数实验设备简图

注　图中相同数字代表两点以软管连接。

【实验原理】

水流在流动过程中，由于水流边界条件或过水断面的改变，引起水流内部各质点的流速、压强也发生变化，并且产生漩涡。在这一过程中，水流质点间相对运动加强，水流内部摩擦阻力所做的功增加，水流在流动调整过程中消耗能量所损失的水头称为局部水头损失。

（1）管路中的突然扩大能量损失。如图 4.11 所示，列 1—1 断面和 2—2 断面能量方程，忽略沿程损失，可得

$$z_1 + \frac{p_1}{\gamma} + \frac{v_1^2}{2g} = z_2 + \frac{p_2}{\gamma} + \frac{v_2^2}{2g} + h_j \qquad (4.37)$$

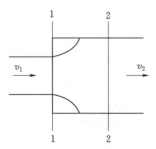

图 4.11　突然扩大局部水头损失

有：

$$h_j = \left(z_1 + \frac{p_1}{\gamma} + \frac{v_1^2}{2g}\right) - \left(z_2 + \frac{p_2}{\gamma} + \frac{v_2^2}{2g}\right) \tag{4.38}$$

因为
$$z_1 = z_2$$

所以
$$h_j = \frac{1}{\gamma}(p_1 - p_2) - \frac{1}{2g}(v_1^2 - v_2^2) \tag{4.39}$$

只要实测出 p_1、p_2、v_1、v_2，由式（4.39）可得 h_j 的实测值。

这样
$$\zeta_{j实} = \frac{h_{j实}}{\dfrac{v_2^2}{2g}}$$

理论计算值：

$$h_{j理} = \frac{1}{2g}(v_1 - v_2)^2 = \frac{1}{2g}\left(\frac{Q}{\frac{\pi}{4}d_1^2} - \frac{Q}{\frac{\pi}{4}d_2^2}\right)^2 = KQ^2 \tag{4.40}$$

$$\zeta_{j理} = \left(\frac{A_2}{A_1} - 1\right)^2$$

其中
$$K = \frac{8}{\pi^2 g}\left(\frac{1}{d_1^2} - \frac{1}{d_2^2}\right)^2$$

（2）90°弯头。如图 4.12 所示，其局部损失系数由下式计算：

$$\zeta = \left[0.131 + 0.1632\left(\frac{d}{r}\right)\right]^{\frac{7}{2}}$$

【实验步骤与方法】

（1）熟悉设备和仪器，搞清实验流程，记录有关已知数据。

（2）打开流量调节阀，开启水泵电源。待上游水箱溢流稳定后关闭流量调节阀，检查各测压管水面是否平齐，如不平齐需排气调平。

（3）慢慢打开流量调节阀，使流量在测压管的量程范围内为最大，待流动稳定后，记录各测压管读数及流量。

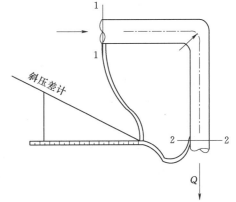

图 4.12 90°弯管局部损失

（4）把最大压差平均分成 5 等份，调节流量调节阀使其值按 $\frac{1}{5}h_{max}$（h_{max} 为最大压差），等幅下降，重复 5 次，每次记下 h_1、h_2 及流量。

（5）测量完成后，关闭流量调节阀，再次检查各测压管水面是否齐平，如不平则需排气后重做。

（6）实验结束，关闭水泵电源，整理好仪器。

【注意事项】

（1）读记测压管读数时，注意测压管编号，对应记录。

（2）开大流量调节阀时，需注意不要让某一测压管内水柱下降过大，以致空气被吸入管路，影响实验。

【思考题】

(1) 试分析实测 $h_{j实}$ 与理论（经验）计算 $h_{j理}$ 有什么不同？原因何在？

(2) 实测 $\zeta_实$ 与理论（经验）计算 $\zeta_理$ 是否相同？

【实验资料整理】

(1) 已知数据。

实验设备编号＿＿＿＿＿＿＿

管径 $d_1=$ ＿＿＿＿＿ cm　　　$d_2=$ ＿＿＿＿＿ cm　　　弯头转角 $\theta=$ ＿＿＿＿＿ (°)

面积 $A_1=$ ＿＿＿＿＿ cm²　　$A_2=$ ＿＿＿＿＿ cm²　　转弯半径＝＿＿＿＿＿ cm

斜压差计斜度 $\sin\alpha=$ ＿＿＿＿＿

(2) 实测数据与计算数据见表 4.5。

$$K=\frac{8}{\pi^2 g}\left(\frac{1}{d_1^2}-\frac{1}{d_2^2}\right)^2=\underline{\hspace{2cm}}\ \text{s}^2/\text{cm}^5$$

表 4.5　　　　　　　　　　　　**管路局部阻力实验数据表**

次数	压差			流　量			前断面流速水头		后断面流速水头		水头损失 h_j		阻力系数 ζ	
	斜压差计读数		压差 $\times\sin\alpha$	体积 /cm³	时间 /s	流量 /(cm³/s)	v_1 /(cm/s)	$\frac{v_1^2}{2g}$ /cm	v_2 /(cm/s)	$\frac{v_2^2}{2g}$ /cm				
	左管	右管									实测值	理论值	实测值	理论值
1														
2														
⋮														

【实验报告要求】

(1) 实验目的与要求。

(2) 实测数据。

(3) 计算结果（应有计算实例）。

(4) 在方格纸上绘制 $h_j-\dfrac{v_2^2}{2g}$ 曲线，应用线性回归法求 ζ。

(5) 写出心得体会。

实验 4.4　文丘里流量计实验

【实验目的与要求】

(1) 了解文丘里流量计测流量的原理及其简单构造。

(2) 找出压差与流量的关系，率定文丘里流量计，从而确定文丘里流量计的系数 μ。

【实验设备与仪器】

文丘里流量计、压差计、恒压水箱、量筒、秒表，实验设备简图如图 4.13 所示。

【实验原理】

文丘里流量计是在管道中常用的流量计。它包括收缩段、喉道、扩散段三部分，如图 4.14 所示。由于喉道处管道截面积减小，导致喉道处断面平均流速增加，从而使流速水头增加，测压管水头减小。在不同的流量下，其压差有所不同，文丘里流量计就是根据这一原

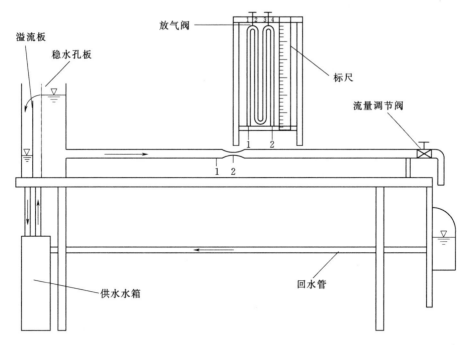

图 4.13　文丘里流量计实验设备简图

注：图中相同数字代表以软管连接

理来测量流量的。

对于理想液体，列 1—1 断面和 2—2 断面的能量方程：

$$z_1 + \frac{p_1}{\gamma} + \frac{v_1^2}{2g} = z_2 + \frac{p_2}{\gamma} + \frac{v_2^2}{2g}$$

$$\left(z_1 + \frac{p_1}{\gamma}\right) - \left(z_2 + \frac{p_2}{\gamma}\right) = \frac{v_2^2 - v_1^2}{2g}$$

由图中可知：

$$\left(z_1 + \frac{p_1}{\gamma}\right) - \left(z_2 + \frac{p_2}{\gamma}\right) = \Delta h$$

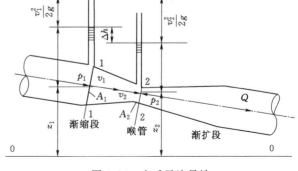

图 4.14　文丘里流量计

Δh 是 1—1 断面、2—2 断面间的测压管水头差，所以

$$\frac{v_2^2 - v_1^2}{2g} = \Delta h \tag{4.41}$$

由连续方程，得

$$v_2 = v_1 \frac{A_1}{A_2} = v_1 \frac{d_1^2}{d_2^2} \tag{4.42}$$

将式（4.42）代入式（4.41）可得

$$v_1 = \frac{1}{\sqrt{\left(\dfrac{d_1}{d_2}\right)^4 - 1}} \sqrt{2g\,\Delta h} \tag{4.43}$$

因此，通过文丘里流量计中的流量为

$$Q_0 = A_1 v_1 = \frac{\pi}{4} \frac{d_1^2 d_2^2}{\sqrt{d_1^4 - d_2^4}} \sqrt{2g \, \Delta h} = K_0 \sqrt{\Delta h} \tag{4.44}$$

式中　d_1——收缩段前管道直径，cm；

　　　d_2——喉道直径，m。

$$K_0 = \frac{\pi}{4} \frac{d_1^2 d_2^2}{\sqrt{d_1^4 - d_2^4}} \sqrt{2g}$$

实验中只要测得 Δh 即可求得通过的流量。但在实际液体中，由于黏滞力的存在，水流通过文丘里流量计时有能量损失，故实际通过的流量 Q 一般比 Q_0 稍小，因此在实际应用时，上式应予以修正，实际流量与理想流体情况下的流量之比称为流量系数，即

$$\mu = \frac{Q}{Q_0}$$

文丘里流量计的率定，在某种意义上来说，就是测定 μ 值。因此实际通过的流量表示为

$$Q = \mu Q_0 = \mu K_0 \sqrt{\Delta h} \tag{4.45}$$

本实验中使用水-气多管压差计来测量压差，$\Delta h = h_1 - h_2 + h_3 - h_4$。

【实验步骤与方法】

(1) 记录各有关数据。

(2) 开启水泵电源，待上游水箱溢流稳定后，打开流量调节阀排除被测管道内的气体后，关闭流量调节阀。检查测压管液面读数 $h_1 - h_2 + h_3 - h_4$ 是否为 0。如果不为 0，则打开压差计顶部的两个通气阀，待 1、4 两管液柱同高，2、3 两管液柱同高后，拧紧通气阀。

(3) 打开流量调节阀，放入最大流量（注意各测压管液面是否都在滑尺读数范围内），待流动稳定后，记录压差计读数，测量流量。

(4) 调节流量调节阀，改变流量（逐次减小），重复上述步骤 8~12 次。

(5) 实验结束后，关闭水泵电源，整理好仪器。

【注意事项】

(1) 改变流量时，需待稳定之后（至少需待 3~5min），方可记录。

(2) 调节最大流量时，要注意使各测压管内液面都在读数范围内。

【思考题】

(1) 图 4.14 中 1—1 断面和 2—2 断面相比，哪一个压强大？为什么？

(2) 实验求出的 μ 值，是大于 1，还是小于 1？是否合理？

(3) 假如通过文丘里流量计的液体是理想液体，当流量不变时，压差 H 比通过实际液体时的大，还是小？

(4) 试证水-气多管压差计 $\Delta h = h_1 - h_2 + h_3 - h_4$。

【实验资料整理】

(1) 已知数据。

实验设备号_____

管道直径 $d_1 =$_____ cm　　　　　喉道直径 $d_2 =$_____ cm

(2) 实验数据见表 4.6。

表 4.6 文丘里流量计实验数据表

次数	流 量 测 定			压 差 计				
	体积 /cm³	时间 /s	流量 /(cm³/s)	h_1 /cm	h_2 /cm	h_3 /cm	h_4 /cm	压差 Δh /cm
1								
2								
⋮								

（3）计算数据见表 4.7。

$$K_0 = \frac{\pi}{4} \frac{d_0^2 d_1^2}{\sqrt{d_0^4 - d_1^4}} \sqrt{2g} = \underline{\hspace{2cm}} \ \text{cm}^2/\text{s}$$

表 4.7 文丘里流量计实验计算表

次数	实测流量 $Q/(\text{cm}^3/\text{s})$	H/cm	$\sqrt{H}$	计算流量 $Q_0 = K_0 \sqrt{H}$	流量系数 $\mu/(Q/Q_0)$
1					
2					
⋮					

【实验报告要求】

（1）实验目的与要求。

（2）实验数据。

（3）计算数据（应有计算实例）。

（4）绘制文丘里流量计流量（Q）与压差（H）的关系曲线。

（5）写出心得体会。

第5章 明 渠 流 动

5.1 概 述

水面与大气接触的渠槽中的水流运动称为明渠水流。明渠流动是水流的部分周界与大气接触，具有自由表面的流动。由于自由表面上受大气压作用，相对压强为零，所以又称为无压流。水在渠道、无压管道以及江河中的流动都是明渠流动。

5.1.1 基本概念

1. 均匀流与非均匀流

过水断面形状、尺寸以及过水断面上的流速分布沿程不变且流线为平行直线的流动称为明渠均匀流动，否则为非均匀流动。在明渠非均匀流中，根据水流过水断面的面积和流速沿程变化的程度，分为渐变流动和急变流动。

2. 底坡

渠底与水平面夹角的正弦，或者沿渠底单位距离上渠底高程的降低或升高值称为底坡，记为 i。

3. 明渠的分类

由于过水断面形状、尺寸与底坡的变化对明渠水流运动有重要影响，因此在水力学中把明渠分为以下类型：

(1) 顺底坡、平底坡与反底坡。①顺底坡：渠底沿程降低的底坡，$i>0$；②平底坡：渠底水平，$i=0$；③反底坡：渠底沿程上升，$i<0$。

(2) 规则断面和非规则断面。规则断面有矩形、梯形、U形和圆形断面等，非规则断面如天然河道的断面。

(3) 棱柱形渠道与非棱柱形渠道。断面形状、尺寸和底坡沿程不变的渠道称为棱柱形渠道，上述三者之一沿程变化的渠道称为非棱柱形渠道。渠道的连接过渡段是典型的非棱柱形渠道。天然河道的断面不规则，属于非棱柱形渠道。

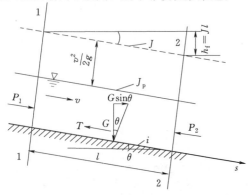

图 5.1 明渠均匀流 $J=J_\mathrm{p}=i$

明渠均匀流具有以下特点：

(1) 总能线、测压管水头线及底坡线三者平行，即 $J=J_\mathrm{p}=i$，如图 5.1 所示。

(2) 作用在水流上的重力在流动方向上的分量与明槽壁面上的摩擦力相等，这是因为均匀流中的加速度为零，两过水断面 1—1 和 2—2 上的动水总压力 $P_1=P_2$，剩下的外力只有重力在流动方向上的分量与明槽壁面上的总摩擦力，它们应该平衡，即 $G\sin\theta=T$。

(3) 渠底高程的降低值等于沿程水头损

失，即 $\Delta z_b = h_f$，也就是说均匀流运动的能源来自渠底高程的降低，因此平底坡和反底坡渠道中不能产生均匀流。

均匀流只能在下面条件下产生：①沿程流量不变的恒定流；②棱柱形、正底坡、渠中无建筑物的长渠道中；③沿程粗糙系数 n 不变。

5.1.2 基本公式

明渠均匀流计算中最基本的公式是谢才公式和曼宁公式，即

$$v = C\sqrt{Ri} \tag{5.1}$$

其中

$$C = \frac{1}{n}R^{\frac{1}{6}} \tag{5.2}$$

因此流量为

$$Q = AC\sqrt{Ri} = A\frac{1}{n}R^{2/3}i^{1/2} \tag{5.3}$$

或

$$Q = K\sqrt{i} \tag{5.4}$$

式中　K——流量模数，相当于 $i=1$ 时的流量，$K = AC\sqrt{R}$，$\mathrm{m^3/s}$；

　　　n——边壁粗糙系数。

5.2 明渠恒定流的流动类型及其判别

明渠均匀流是明渠恒定流中的较简单的情况。在实际工程中，由于渠中有建筑物或者渠道底坡变化等，使得渠中常有非均匀流动产生，如图 5.2 所示，渠中有一坝，渠道末端有一跌坎。这时由于坝的壅水作用，坝上游的水位将抬高并影响一定范围，这个范围内的流动可视为非均匀渐变流，在其上游则可视为均匀流。在紧接坝址下游也常形成非均匀渐变流以及水跃、水跌等。

明渠非均匀流的特点是：①水深 h 和断面平均流速 v 沿程变化；②流线间互相不平行；③水力坡度线、测压管水头线和底坡线彼此间不平行。

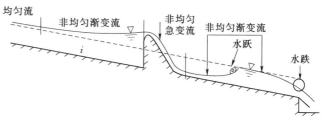

非均匀流产生的原因是：①渠道的断面形状、尺寸、粗糙系数 n 及底坡 i 沿程有变化；②渠道较短

图 5.2　明渠非均匀流

或者渠中有水工建筑物存在。非均匀流又分为非均匀渐变流和非均匀急变流两种情况。

5.2.1 波速法

一般断面渠道静水中波速 c 公式为

$$c = \sqrt{g\,\overline{h}} \tag{5.5}$$

式中　$\overline{h}$——渠中平均水深，$\overline{h} = A/B$；

　　　A——过水断面面积；

　　　B——水面宽度。

矩形断面渠道静水中波速 c 公式为

$$c = \sqrt{gh} \tag{5.6}$$

式中 h——渠中水深。

在断面平均流速为 v 的水流中，干扰波的绝对传播速度为

$$c_{绝} = c \pm v = \sqrt{g\,\overline{h}} \pm v \tag{5.7}$$

式中"＋"号相应于顺流方向，"－"号相应于逆流方向。

根据式（5.8）判别明渠水流的 3 种流动类型。

$$\left.\begin{array}{l} v < c，缓流 \\ v = c，临界流 \\ v > c，急流 \end{array}\right\} \tag{5.8}$$

5.2.2 弗劳德（W. Froude）数法

注意到流速 v 与波速 c 之比正好就是弗劳德（W. Froude）数 Fr，即

$$\frac{v}{c} = \frac{v}{\sqrt{gh}} = Fr \tag{5.9}$$

于是

$$\left.\begin{array}{l} Fr < 1，缓流 \\ Fr = 1，临界流 \\ Fr > 1，急流 \end{array}\right\} \tag{5.10}$$

5.2.3 断面比能法

将单位重量液体相对于过水断面最低点处的水平面的总能量定义为断面比能，也称为断面单位能量，记为 E_s，即

$$E_s = h + \frac{\alpha v^2}{2g} = h + \frac{\alpha Q^2}{2gA^2} \tag{5.11}$$

式中 h——水深，当底坡角 $\theta > 6°$时用 $h\cos\theta$ 代替；

　　　A——过水断面积；

　　　Q——断面平均流量；

　　　α——动能校正系数。

则

$$\frac{\mathrm{d}E_s}{\mathrm{d}h} = 1 - \frac{\alpha Q^2 B}{gA^3} = 1 - Fr^2 \tag{5.12}$$

从前面分析可知：缓流时 $Fr < 1$，临界流时 $Fr = 1$，急流时 $Fr > 1$，于是用断面比能法判别流动类型的标准为

$$\left.\begin{array}{l} \mathrm{d}E_s/\mathrm{d}h > 0，缓流 \\ \mathrm{d}E_s/\mathrm{d}h = 0，临界流 \\ \mathrm{d}E_s/\mathrm{d}h < 0，急流 \end{array}\right\} \tag{5.13}$$

5.2.4 水深法

用水深法判别流动类型的标准为

$$\left.\begin{array}{l} h > h_{cr}，缓流 \\ h = h_{cr}，临界流 \\ h < h_{cr}，急流 \end{array}\right\} \tag{5.14}$$

式中 h_{cr}——临界水深，$h_{cr}=\sqrt[3]{\dfrac{\alpha q^2}{g}}$;

q——单宽流量。

5.2.5 底坡法

底坡法判别流动类型的标准为

$$\left.\begin{array}{l} i<i_{cr},从而\ h_0>h_{cr},缓流 \\ i=i_{cr},从而\ h_0=h_{cr},临界流 \\ i>i_{cr},从而\ h_0<h_{cr},急流 \end{array}\right\} \tag{5.15}$$

5.3　棱柱形渠道中渐变流水面曲线形式、微分方程式

明渠恒定渐变流的基本微分方程：

$$\frac{\mathrm{d}h}{\mathrm{d}s}=\frac{i-\dfrac{Q^2}{K^2}}{\mathrm{d}E_s/\mathrm{d}h}=\frac{i-\dfrac{Q^2}{K^2}}{1-Fr^2} \tag{5.16}$$

由式（5.16）可以分析棱柱形明渠的非均匀流动的水面曲线如图 5.3 所示。

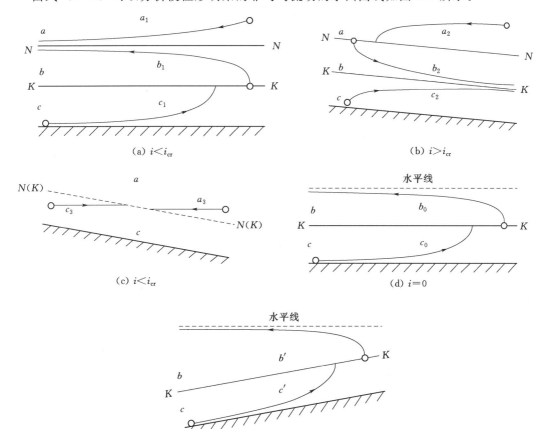

图 5.3　棱柱形渠道非均匀流动水面曲线

5.4 水 跃 与 消 能

5.4.1 水跃

水跃是由急流过渡到缓流时的一种特殊水流状态。水流不受障碍物的作用自由地从急流过渡到缓流而生成的水跃，称自由水跃。反之，利用障碍物强迫水流形成的水跃，称为强迫水跃。底流式消能的实质，就是利用消力池或消力坎强迫水流在人们所希望的位置上形成强迫水跃，从而达到利用水跃消能的目的。

水跃前端和后端的断面分别称为跃前断面和跃后断面，其过水断面面积记为 A_1 和 A_2，跃前断面和跃后断面的水深称为跃前水深和跃后水深，记为 h' 和 h''，跃后水深与跃前水深之差称为水跃高度，记为 a，$a = h'' - h'$；跃前断面与跃后断面之间的水平距离称为跃长，记为 l_j；跃前水深 h' 与跃后水深 h'' 彼此称为对方的共轭水深。

共轭水深方程为

$$h' = \frac{h''}{2}\left(\sqrt{1 + \frac{8q^2}{gh''^3}} - 1\right) = \frac{h''}{2}(\sqrt{1 + 8Fr_2^2} - 1)$$
$$h'' = \frac{h'}{2}\left(\sqrt{1 + \frac{8q^2}{gh'^3}} - 1\right) = \frac{h'}{2}(\sqrt{1 + 8Fr_1^2} - 1) \tag{5.17}$$

假设下游渠道的水深为 h_t，如图 5.4 所示的闸下收缩断面 c—c 的水深为 h_c，h_c 的共轭水深为 h_c''，则根据 h_t 与 h_c'' 的对比关系闸门下游可能会产生 3 种不同的水跃。

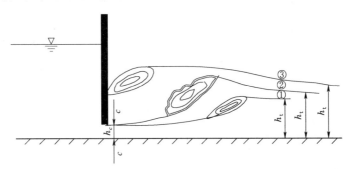

图 5.4　水跃形式

（1）当 $h_t < h_c''$ 时，产生远驱式水跃。这是因为跃后水深只能是 h_t，h_t 小要求的跃前水深就要大，这时只有水跃前驱，在收缩断面 c—c 之后产生一段壅水曲线，当壅水深度与 h_t 共轭时才能产生水跃，如图 5.4 中的①。

（2）当 $h_t = h_c''$ 时，产生临界式水跃。因为这时 h_t 与 h_c 共轭，跃前断面就发生在收缩断面 c—c 处，如图 5.4 中的②。

（3）当 $h_t > h_c''$ 时，产生淹没式水跃。这是因为跃后水深只能是 h_t，h_t 大要求的跃前水深就要小，但是跃前水深最小也只能是收缩断面水深 h_c，其结果是动水压力较大的下游水体将水跃压向闸门，使收缩断面 c—c 被淹没，如图 5.4 中的③。

矩形断面水平底坡渠道中自由水跃的长度 l_j 一般由下面的经验公式确定：

$$l_j = 10.8h'(Fr_1 - 1)^{0.93} \tag{5.18}$$

或

$$l_j = 6.9(h'' - h') \tag{5.19}$$

或

$$l_j = 6.1h'' \tag{5.20}$$

式（5.20）只适用于 $4.5 < Fr_1 < 10$ 的情况。

水跃所消耗的能量为

$$\Delta E_j = \left(h' + \frac{\alpha_1 v_1^2}{2g}\right) - \left(h'' + \frac{\alpha_2 v_2^2}{2g}\right) = \frac{(h'' - h')^3}{4h'h''} (\text{m}) \tag{5.21}$$

水跃消能功率为

$$N_j = 9.8Q\Delta E_j (\text{kW}) \tag{5.22}$$

5.4.2 底流式消能防冲

当泄水建筑物下游发生远驱式水跃衔接时，这时可以采取工程措施使下游局部水深增加，从而形成稍许淹没的水跃。常采用的工程措施就是在泄水建筑物下游修建消力池。有 3 种形成消力池的方法：①降低护坦高程；②在护坦末端建造消能墙；③既降低护坦高程又修建消能墙的综合方式。消力池应该确保在池中发生稍许淹没的水跃。这样消力池除了具有一定深度外，还要有一定长度。所以消力池的水力计算任务就是确定消力池的深度 d 或墙高 C 及消力池长度 l_B。

1. 降低护坦高程形成的消力池（已知 Q、h_t、E_0，如图 5.5 所示）

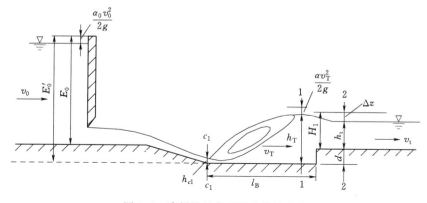

图 5.5　降低护坦高程形式的消力池

收缩断面水深为

$$E_0' = E_0 + d = h_{c1} + \frac{q_c^2}{2g\varphi^2 h_{c1}^2} \tag{5.23}$$

共轭水深为

$$h_{c1}'' = \frac{h_{c1}}{2}\left[\sqrt{1 + \frac{8q_c^2}{gh_{c1}^3}} - 1\right] \tag{5.24}$$

池深

$$d = \sigma_j h_{c1}'' - \Delta z - h_t \tag{5.25}$$

式中　h_t——下游河道或渠道中的水深，一般是已知的；

　　　Δz——消力池出口的水面落差；

σ_j——淹没系数，一般取 1.05。

$$\Delta z = \frac{q_c^2}{2g}\left[\frac{1}{(\varphi' h_t)^2} - \frac{1}{(\sigma_j h''_{c1})^2}\right] \tag{5.26}$$

其中

$$\varphi' = 1/\sqrt{1+\zeta'}$$

式中　φ' 为宽顶堰的流速系数，一般取 $\varphi' = 0.95$。

式（5.23）～式（5.26）就是计算消力池深度 d 的基本公式。需要采用试算或者迭代法求解。试算法的步骤大致就是：首先假设一个水深 d，然后根据上面所推求的公式计算出一个池深 d_1。如果 d 与 d_1 基本相等，则认为假设的池深正确，否则重设水深 d，同上计算，直到两者基本相等为止。

消力池长

对于溢流坝：

$$l_B = (0.7 \sim 0.8) l_j \tag{5.27}$$

对于闸孔出流：

$$l_B = (0.5 \sim 1.0) e + (0.7 \sim 0.8) l_j \tag{5.28}$$

其中

$$l_j = 10.8 h_{c1}(Fr_1 - 1)^{0.93}$$

或

$$l_j = 6.9(h''_{c1} - h_{c1})$$

式中　l_j——平底上自由水跃的长度。

2. 护坦末端建造消能墙形成的消力池

当建筑物下游产生如图 5.6 所示的远驱式水跃时，也可以采用修建消能墙，使墙前水位壅高，以期在池内能发生稍有淹没的水跃。其水流现象与降低护坦的消力池相比，主要区别在于不是淹没宽顶堰流而是折线型实用堰流。水力计算的主要任务是确定墙高 C 及池长 l_B。

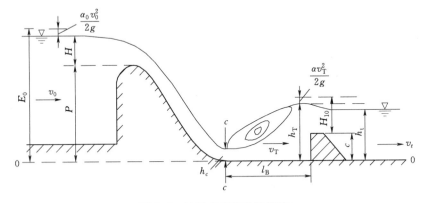

图 5.6　护坦末端建造消能墙

假设池中产生稍许淹没的水跃。由图中的几何关系可以得出：

$$C = \sigma_j h''_c + \frac{q_c^2}{2g\,(\sigma_j h''_c)^2} - H_{10} \tag{5.29}$$

式中　h''_c——临界水跃的跃后水深；

H_{10}——折线型实用堰的堰上总水头，用下面的公式计算：

$$H_{10} = \left(\frac{q_c}{\sigma_s m \sqrt{2g}}\right)^{\frac{2}{3}} \tag{5.30}$$

式中 m——折线型实用堰的流量系数，一般取 $m=0.42$；

σ_s——消能墙的淹没系数，见表 5.1。

表 5.1　　　　　消能墙的淹没系数 σ_s 值

h_s/H_{10}	$\leqslant0.45$	0.50	0.55	0.60	0.65	0.70	0.72	0.74	0.76	0.78
σ_s	1.00	0.990	0.985	0.975	0.960	0.940	0.930	0.915	0.900	0.885
h_s/H_{10}	0.80	0.82	0.84	0.86	0.88	0.90	0.92	0.95	1.00	
σ_s	0.865	0.845	0.815	0.785	0.750	0.710	0.651	0.535	0.000	

根据表 5.1 可拟合出下面的公式：

$$\sigma_s=3.82-14.9\frac{h_s}{H_{10}}+25.74\left(\frac{h_s}{H_{10}}\right)^2-14.66\left(\frac{h_s}{H_{10}}\right)^3 \tag{5.31}$$

其中

$$h_s=h_t-C$$

式中 h_s——消能墙上的下游水深；

H_{10}——消能墙上的总水头。

从表 5.1 可以看出：

(1) 当 $(h_t-C)/H_{10}\leqslant0.45$ 时，消能墙为自由溢流，这时淹没系数 $\sigma_s=1$。

(2) 当 $(h_t-C)/H_{10}>0.45$ 时，消能墙为淹没出流，这时淹没系数 $\sigma_s<1$。

消能墙的水力计算步骤如下：

(1) 计算 h_c 和 h_c''。

(2) 假设消能墙为自由出流，即 $\sigma_s=1$，由式 (5.29) 求出墙高 C。

(3) 检查消能墙是否为自由溢流。先由式 (5.30) 计算出 H_{10}，再计算 $(h_t-C)/H_{10}$，然后分以下两种情况：

1) 如果 $(h_t-C)/H_{10}>0.45$，则消能墙为淹没溢流，上述假设错误，应该降低墙高，以增加墙上水头，使消能墙通过要求的流量 q_c。这时也只能采取试算法求墙高，重设墙高 $C'<C$，由下式计算墙上的水头

$$H_{10}'=\sigma_j h_c''-C'+\frac{q_c^2}{2g(\sigma_j h_c'')^2}$$

再计算 $(h_t-C')/H_{10}'$，当此值大于 0.45 时由表 5.1 或式 (5.31) 求 σ_s'。最后计算墙高为 C' 的淹没溢流时通过的单宽流量：

$$q=\sigma_s'm\sqrt{2g}H_{10}'^{3/2}$$

如果 $q=q_c$，则说明假设的墙高即为所求。否则重新假设墙高，当消能墙为淹没溢流时，无需再检查墙后的水流衔接形式，肯定是淹没水跃衔接。这时只设一级消能墙即可。

2) 如果 $(h_t-C)/H_{10}\leqslant0.45$，则消能墙为自由溢流，墙高计算正确，但是，这时需要检查消能墙下游的水流衔接形式。若为淹没式水跃衔接，则无需建造第二道消能墙。若为远驱式水跃衔接，还需修建第二道消能墙，如果第二道消能墙仍为自由溢流时，还需检查其后的水跃衔接形式，直到消能墙为淹没溢流或其后为淹没水跃衔接为止。一般消力池不宜超过 3 级。在检查消能墙的水流衔接形式时，可取消能墙的流速系数 $\varphi=0.9$。

实验 5.1 明 渠 流 速 测 量

实验 5.1.1 毕托管测流速

【实验目的与要求】

（1）了解毕托管的构造和测速的基本原理。

（2）掌握毕托管测量点流速的方法。

（3）测定明渠流动过水断面处的流速分布。

【实验原理】

水在流动过程中总是遵守机械能转化与守恒规律的，但对每一种具体的水流情况，它的 3 种机械能之间究竟怎样发生转化，这就取决于水流具体的边界条件。

毕托管是用来测定流动水流中点流速的一种仪器。图 5.7（a）为毕托管的原理图，图 5.7（b）为实际的毕托管装置图。

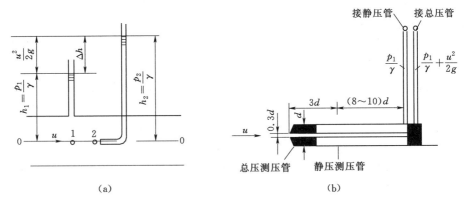

（a）   （b）

图 5.7 毕托管

图 5.7（a）中是将一根两端开口的细管弯成直角放在管道中，使其一端对准水流的方向，这时水流将进入细管中，水位将沿细管的铅直部分上升，当水位稳定到 $h_2 = p_2/\gamma$ 时，细管前端 2 点处的流速变为零，此点称为驻点。与此同时，在管道的侧壁上开一个小孔，装上测压管，水位将上升到 $h_1 = p_1/\gamma$。现对图中的 1、2 点写能量方程，且基准面取在管道的轴线处，则得

$$\frac{p_1}{\gamma} + \frac{u^2}{2g} = \frac{p_2}{\gamma} \tag{5.32}$$

由图中可知：$\frac{p_1}{\gamma} = h_1$，$\frac{p_2}{\gamma} = \frac{p_1}{\gamma} + \frac{u^2}{2g} = h_2$。可见 h_1 中不包含流速水头 $\frac{u^2}{2g}$，故称此管为静压管，而 h_2 中包含静压 $\frac{p_1}{\gamma}$ 和流速水头 $\frac{u^2}{2g}$，故此管称为动压管或总压管。这样，式（5.32）可以写成

$$u = \sqrt{2g(h_2 - h_1)} = \sqrt{2g\Delta h} \tag{5.33}$$

由于在写能量方程时没有考虑水头损失，因此由式（5.33）算得的流速称为理论流速。实际上是有水头损失的。为了仍用式（5.33）计算实际流速，需在式中引入一个系数，即

$$u = \varphi \sqrt{2g\,\Delta h} \tag{5.34}$$

式中 φ——流速系数，它表示实际流速与理论流速之比，由实验率定。

明渠流中，一般毕托管测量范围为 0.15 ~ 2.00m/s；有压管道中可用柱形毕托管进行测速，其最大流速可达 6.00m/s。

【实验设备与仪器】

（1）实验水槽。

（2）测针。

（3）毕托管。

（4）斜压差计。

（5）可上下、左右移动的活动支架。

实验设备简图如图 5.8 所示。

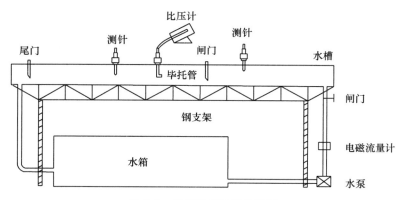

图 5.8 毕托管实验设备简图

【实验步骤与方法】

（1）熟悉设备、仪器，记录有关常数（槽宽 B，斜压差计倾角）。

（2）检查斜压差计底座是否水平，如不水平，则用底脚螺丝调平。

（3）用橡皮管把毕托管与斜压差计连接起来，将毕托管探头放入水槽中盛满水的毕托勺内，检查压差计的两根测压管内水面是否在同一平面上，如不在同一平面说明系统有气泡，需排气。排气方法：打开压差计顶部通气软管上的夹子，用吸气球放在通气管管口抽吸，直至气泡被吸出，再次检查测压管水面是否齐平，如不齐平需继续排气；如齐平，则夹紧压差计顶部软管。

（4）开启水泵电源，打开进水阀，使水槽内保持适当的水深。

（5）细心拿出毕托勺，注意不要让毕托管探头暴露于空气中。

（6）调节毕托管的位置，测出过水断面上位于 $\frac{1}{2}h$ 处流速的横向分布，测点之间间隔 0.2B（分别为 0.1B、0.3B、0.5B、0.7B、0.9B）并在 0.5B 处测出流速的纵向分布，测点之间间隔为 0.2h（即 0.1h、0.3h、0.5h、0.7h、0.9h）。这里 B 为槽宽，h 为水深。同时记录斜压差计相应读数。

（7）测量过水断面的水深，记录电磁流量计读数。

（8）实验完毕后，将毕托勺重新放入水槽中，并将毕托管放入毕托勺内，之后关闭水泵电源，检查斜压差计的水面是否在同一水平面上。如不在同一水平面上，说明测量过程中已进气，应重新排气，重做实验。

（9）实验结束后，将实验仪器恢复原状。

【思考题】

（1）使用毕托管时，为什么要排气？

（2）在明渠中流速分布规律如何？为什么？

【注意事项】

（1）开启水泵之前，应先检查进水阀门开度。开度不能为 0，也不能过大，防止水溢出。

（2）在测量点流速时毕托管探头应正对水流方向。

（3）实验过程中，毕托管头部不能露出水面以免进气。

【实验资料整理】

（1）已知数据。

设备号_____   斜压差计倾斜率 $\sin\alpha=$ _____

实验水槽宽度_____ cm

（2）实测数据和计算数据见表 5.2 和表 5.3。

流量=_____ cm³/s

明槽测速断面水深_____ cm   断面平均流速=_____ cm/s

表 5.2 过水断面流速水平分布的测定数据表

位置	斜压差计读数			流速水头 压差×$\sin\alpha$ /cm	流速 /(cm/s)
	左管 /cm	右管 /cm	压差 /cm		
0.1B					
0.3B					
⋮					

表 5.3 过水断面流速纵向分布的测定数据表

位置	斜压差计读数			流速水头 压差×$\sin\alpha$ /cm	流速 /(cm/s)
	左管 /cm	右管 /cm	压差 /cm		
0.1h					
0.3h					
⋮					

【实验报告要求】

（1）实验目的与要求。

（2）观测数据。

（3）实验数据。

（4）绘出测量断面上流速的水平分布及纵向分布。

（5）实验中得出的结论。

实验 5.1.2 光电流速仪测流速

【实验目的与要求】

（1）了解光电流速仪测流速的基本原理与光电传感器的简单构造。

（2）掌握光电流速仪测流速的方法。

【实验原理】

（1）构造。传感器的构造如图 5.9 所示。光电式旋桨流速仪由流速仪和传感器两部分组成，如图 5.10 所示。

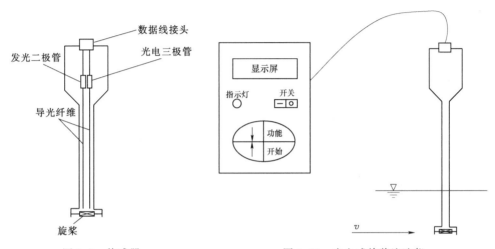

图 5.9 传感器　　　　　　　图 5.10 光电式旋桨流速仪

（2）原理。光电流速仪有一旋桨，旋桨上设有反光片。受水流冲击后的旋桨转数与水流速度有一固定关系。当接通电源后，发光二极管所发光亮通过导光纤维照射到旋桨上。旋桨轮在水流作用下，叶片上的反光片不断地反射光线，经另一组导光纤维传到光电三极管，相应地就会使三极管不断产生电脉冲信号，其频率随水流的增加而增加。适当调制后频率的变化可以变成电压的大小，经标定后，即可根据电压大小来确定相应的流速。或经放大整流后输入时控电路，通过简易的计算器在数字显示器中显示出来。

计算公式为

$$V = K \frac{N}{T} + C$$

式中　V——流速，cm/s；

　　　N——叶轮转数，r；

　　　K——$V - N/T$ 曲线的斜率（应预先率定）；

　　　T——时间，s；

　　　C——$V - N/T$ 曲线在 V 坐标轴上的截距。

（3）说明。测量时应正对水流方向，即旋桨轮的轴线一定与流速方向一致；旋桨轮应完全放入水中，离水面至少 3mm 处；光电式旋桨流速仪测速范围为 3～300cm/s。

【实验设备与仪器】

实验设备如图 5.10 所示。

【实验步骤与方法】

（1）熟悉设备、仪器，记录有关数据。

（2）打开进水阀，使实验水槽通过适当的流量并有一定的水深。

（3）打开流速仪电源开关，并将传感器放入水中，保持叶轮轴线正对水流方向。

（4）按下开始键，流速仪开始自动测量流速。当显示屏显示测量完成时，记录当前的流速值。

（5）按照步骤（4）测量过水断面上的 $\frac{1}{5}h$、$\frac{4}{5}h$ 处的流速的横向分布与 $0.1B$、$0.5B$ 处的速度的纵向分布。

（6）记录流量及测量过水断面的水深。

【注意事项】

（1）实测时叶轮轴线一定要与流速方向平行。

（2）不要随便触动叶轮，并注意叶轮轴内不要塞入纤维、砂粒、碎片等物。

（3）传感器叶轮应放入水面以下至少 3mm。

（4）注意流速仪的测量范围 3～300cm/s。

（5）不要随便按动流速仪上的其他按钮，防止内置参数被改变，从而影响测量精度。

【实验资料整理】

（1）已知数据。

设备号＿＿＿＿＿＿＿

实验水槽宽＝＿＿＿＿＿＿＿ cm

（2）测量数据。

实验水深＝＿＿＿＿＿＿＿ cm　　　　　　　　实验流量＝＿＿＿＿＿＿＿ cm³/s

实验断面平均流速＝＿＿＿＿＿＿＿ cm/s

（3）实测数据和计算数据见表 5.4 和表 5.5。

表 5.4　　　　　　　　　　　　　流速水平分布数据表

位置	$\frac{1}{5}h$ 处流速水平分布					$\frac{4}{5}h$ 处流速水平分布				
	1	2	3	4	平均值	1	2	3	4	平均值
0.1B										
0.3B										
⋮										

表 5.5　　　　　　　　　　　　　流速纵向分布数据表

位置	0.1B 处流速水平分布					0.5B 处流速水平分布				
	1	2	3	4	平均值	1	2	3	4	平均值
0.1h										
0.3h										
⋮										

【实验报告要求】

（1）实验目的与要求。

（2）观测数据。

（3）计算结果。

（4）绘出测量断面的流速分布图。

（5）把过水断面的点流速与平均流速相比较。

实验 5.2　水　跃　实　验

【实验目的与要求】

（1）观察水跃的水流现象，了解水跃类型及其结构的基本特征。

（2）验证矩形平底渠道闸下出流（或溢流坝泄流）的水跃理论。

（3）运用动量原理估算水流对闸门（或溢流坝）的水平力；运用比能原理估算在水跃区间的水头损失和损失功率。

【实验设备与仪器】

（1）带有控制下游水深的尾门装置的矩形固定水槽。

（2）提供恒定流动并可改变流量的供水系统。

（3）闸门（或溢流坝）。

（4）测针或水位仪。

（5）电磁流量计。

（6）米尺。

实验设备简图如图 5.11 所示。

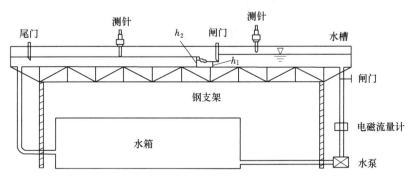

图 5.11　水跃实验设备简图

【实验原理】

当明渠中的水流由急流过渡到缓流状态时，会产生一种水面突然跃起的局部水流现象，这就是水跃。在水跃的上部为激烈翻腾的表面旋滚，在旋滚区掺入大量的空气；底部为流速急剧的主流，两者之间的交界面上流速梯度很大，产生漩涡和质量交换，水流内部产生剪切摩擦与混掺，因而消除了大量的机械能。因此，水利工程中常利用水跃作为一种有效的消能方式。

水流任何点的比能 E_s 和动量函数 M 由下列公式给出：

$$E_s = h + \frac{q^2}{2gh^2}, \quad M = \frac{q^2}{gh} + \frac{h^2}{2}$$

式中　h——水流深度；

　　　q——单宽流量，$q = \frac{Q}{b}$；

　　　Q——总流量；

　　　b——渠道宽度。

对于闸下出流的水跃现象，应用比能和动量原理，如图 5.12 所示。

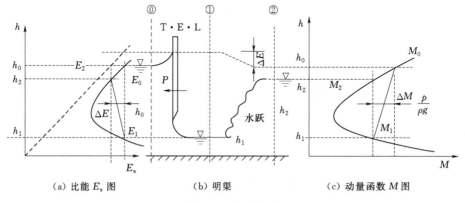

（a）比能 E_s 图　　　　　　（b）明渠　　　　　　（c）动量函数 M 图

图 5.12　闸下出流

在⓪—①断面上：

$$\frac{P}{\gamma} = M_0 - M_1$$

这里 P 为闸门施加在流体上的单宽作用力。

①—②断面发生水跃：

$$M_1 = M_2$$

则共轭水深可用下式计算：

$$h_2 = \frac{h_1}{2}(\sqrt{1 + 8Fr_1^2} - 1) = \frac{h_1}{2}\left[\sqrt{1 + 8\left(\frac{h_k}{h_1}\right)^3} - 1\right]$$

式中　h_k——临界水深。对于矩形渠道：

$$h_k = \sqrt[3]{\frac{\alpha q^2}{g}}$$

Fr_1 为①断面的弗劳德数：

$$Fr_1 = \frac{q}{\sqrt{gh_1^3}}$$

水跃区的水头损失：

$$\Delta E = E_1 - E_2 = \frac{(h_2 - h_1)^3}{4h_1 h_2}$$

损失功率为

$$N = \rho g Q \Delta E$$

式中 ρ——水的密度，kg/m^3；

g——重力加速度，m/s^2；

Q——流量，m^3/s；

N——水跃损失功率，W。

水跃长度的计算公式（经验公式）为

$$l_j = 10.8h'(Fr_1 - 1)^{0.93}$$

或

$$l_j = 6.9\ (h'' - h')$$

或

$$l_j = 6.1h''(4.5 < Fr_1 < 10)$$

【实验步骤与方法】

（1）熟悉设备及仪器。把闸门固定在一定开度，记录已知数据。

（2）打开进水阀门放入水槽一定流量，调节下游尾门，使水槽内依次产生远驱式水跃、临界水跃及淹没水跃，记录临界状态下的流量，闸前水深 h_0，共轭水深 h_1、h_2，水跃长度 l_j。

（3）改变流量 4 次，重复步骤（2）。

（4）实验完毕后关闭进水阀，整理好仪器。清扫实验场地。

【思考题】

（1）在一定流量下，调节尾门，使水跃推前或移后，试分析这种变动对跃高、跃长有什么影响？

（2）尾门位置一定，只改变流量，则跃长与共轭水深有何改变，为什么？

（3）试分析远驱式水跃、临界水跃及淹没水跃中，哪种能量损失小，冲刷距离长？哪种能量损失大，冲刷距离短？

【实验资料整理】

（1）已知数据。

实验水槽_____号　　　　　实验水槽宽度 b＝_____ cm

堰宽 b'＝_____ cm

（2）实测数据见表 5.6。

表 5.6 　　　　　　　　　　　　　**水跃实验实测数据表**

次数	流测量定		水 深						水跃长度 l_j /cm
			h_0		h_1		h_2		
	流量计读数	流量 /(cm³/s)	槽底高程 /cm	水面读数 /cm	槽底高程 /cm	水面读数 /cm	槽底高程 /cm	水面读数 /cm	
1									
2									
⋮									

（3）计算数据见表 5.7。

表 5.7 水跃实验计算数据表

次数	临界水深 h_k	共轭水深			水跃长度		动量函数		力	水跃消能	
		h_1	h_2		l_j		M_0	M_1	P	$\Delta E = E_1 - E_2$	
		实测	实测	理论	实测	理论	实测	实测		实测	理论
1											
2											
⋮											

【实验报告要求】

（1）实验目的与要求。

（2）观测数据。

（3）计算结果（应有计算公式及计算实例）。

（4）以 $Fr = \dfrac{v_1}{\sqrt{gh_1}}$ 为横坐标、$\eta = \dfrac{h_2}{h_1}$ 为纵坐标，画出用计算公式求得的理论曲线和实验值相比较进行分析讨论，并计算各流量下闸门所受的力及水跃损失功率 N。

（5）实验结论。

实验 5.3 水工建筑物下游的底流消能实验

【实验目的与要求】

（1）通过实验了解底流消能原理及其形式。

（2）校核消能措施的几何尺寸。

（3）了解辅助消能工的作用。

【实验设备与仪器】

实验设备简图如图 5.13 所示，包括实验水槽、溢流坝模型、消力坎等。需用仪器有电磁流量计、测针、直尺等。

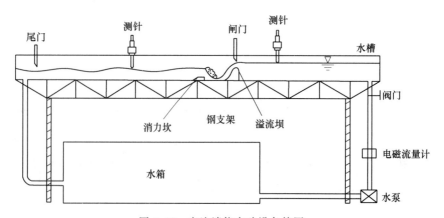

图 5.13 底流消能实验设备简图

【实验原理】

由于建筑了挡水建筑物，大大提高了水位，下泄水流动能很大，必须采取有效措施解决建筑物下游水流衔接问题并消减其强大的动能，确保建筑物的安全。消能形式大致可分为 4 类，即底流消能、面流消能、戽流消能和挑流消能。本实验只做底流消能。

底流消能，其水流衔接和消能主要是通过水跃来实现的。底流消能形式一般有降低护坦而形成的消力池、消力坎式消力池和综合式消力池等。

（1）降低护坦高程形成的消力池。计算过程如下：

假设池深为 d，计算收缩断面水深 h_{c1}：

$$E_0' = E_0 + d = h_{c1} + \frac{q_c^2}{2g\varphi^2 h_{c1}^2}$$

其中流速系数 φ 可用下式计算：

$$\varphi = 1 - 0.0155 P/H$$

计算跃后水深 h_{c1}''：

$$h_{c1}'' = \frac{h_{c1}}{2}\left[\sqrt{1 + \frac{8q_c^2}{gh_{c1}^3}} - 1\right]$$

消力池出口水面落差 Δz：

$$\Delta z = \frac{q_c^2}{2g}\left[\frac{1}{(\varphi' h_t)^2} - \frac{1}{(\sigma_j h_{c1}'')^2}\right]$$

池深 d_1：

$$d_1 = \sigma_j h_{c1}'' - \Delta z - h_t$$

其中　　　　　　　　　　　　$\sigma_j = 1.05 \sim 1.10$

如果 d 与 d_1 基本相等，则认为假设的池深正确，否则重设池深 d，同上计算，直到两者基本相等为止。

消力池长度：

$$l_B = (0.7 \sim 0.8)l_j$$
$$l_j = 6.9(h_{c1}'' - h_{c1})$$

（2）消力坎。计算过程如下：

计算 h_c 和 h_c''：

$$E_0 = h_c + \frac{q_c^2}{2g\varphi^2 h_c^2}$$

$$h'' = \frac{h_c}{2}\left[\sqrt{1 + \frac{8q_c^2}{gh_c^3}} - 1\right]$$

假设消能墙为自由出流，即 $\sigma_s = 1$，计算墙高 c：

$$c = \sigma_j h_c'' + \frac{q_c^2}{2g(\sigma_j h_c'')^2} - \left(\frac{q_c}{\sigma_s m\sqrt{2g}}\right)^{\frac{2}{3}}$$

检查消能墙是否为自由溢流：

先计算出 H_{10}：

$$H_{10} = \left(\frac{q_c}{\sigma_s m\sqrt{2g}}\right)^{\frac{2}{3}}$$

再计算 $(h_t - c)/H_{10}$，然后分两种情况：

1）如果 $(h_t - c)/H_{10} > 0.45$，则消能墙为淹没溢流，上述假设错误，应该降低墙高，以增加墙上水头，使消能墙通过要求的流量 q_c。这时也只能采取试算法求墙高，重设墙高 $c' < c$，由下式计算墙上的水头：

$$H_{10}' = \sigma_j h_c'' - c' + \frac{q_c^2}{2g(\sigma_j h_c'')^2}$$

再计算 $(h_t - c')/H_{10}'$，当此值大于 0.45 时由表 5.1 [或式 (5.31)] 求 σ_s'。最后计算墙高为 c' 的淹没溢流时通过的单宽流量：

$$q = \sigma_s' m \sqrt{2g} H_{10}'^{3/2}$$

如果 $q = q_c$，则说明假设的墙高即为所求。否则重新假设墙高，当消能墙为淹没溢流时，无需再检查墙后的水流衔接形式，肯定是淹没水跃衔接。这时只设一级消能墙即可。

2）如果 $(h_t - c)/H_{10} \leqslant 0.45$，则消能墙为自由溢流，墙高计算正确，但是，这时需要检查消能墙下游的水流衔接形式。若为淹没式水跃衔接，则无需建造第二道消能墙。若为远驱式水跃衔接，还需修建第二道消能墙，如果第二道消能墙仍为自由溢流时，还需检查其后的水跃衔接形式，直到消能墙为淹没溢流或其后为淹没水跃衔接为止。一般消力池不宜超过 3 级。在检查消能墙的水流衔接形式时，可取消能墙的流速系数 $\varphi = 0.9$。

【实验步骤与方法】

（1）记录有关常数如设备号、水槽宽度、溢流坝顶高程及下游槽底高程等。

（2）开启水泵电源，打开进水阀放入槽中一定流量，调节尾门使下游水位为某一定水位，观察溢流坝下游的水面衔接形式。

（3）将消力坎放入下游水流中，调整消力坎的高度并前后移动其位置，使池内形成稍许淹没的临界水跃，同时使墙后与下游的水流衔接为临界水跃或淹没水跃。

（4）待流量稳定后，测量流量 Q、上游水深 T、收缩断面水深 h、池末水深 t'、消力坎高度 C、消力池长度 l_B。

（5）实验完毕后，关闭进水阀，整理仪器并清扫场地。

【注意事项】

（1）开启水泵电源之前，检查进水阀门开度。防止开度为 0 烧坏水泵，也要防止开度过大导致水溢出。

（2）调节消力坎位置时先关闭水泵电源，防止消力坎及插片被冲进设备回水口。

【实验资料整理】

实验中测量的数据。

实验水槽号_____　　　　　　　实验水槽宽度 = _____ cm

坎高 = _____ cm

（1）实测数据见表 5.8。

表 5.8　　　　　　　　水工建筑物下游的底流消能实验实测数据表

实验次数	流量 /(cm³/s)	上游水深 /cm		收缩断面水深 /cm		跃后水深 /cm	坎上水头 /cm		消力池长度 /cm	下游水深 /cm
		槽底高程	水面高程	槽底高程	水面高程	水面高程	坎顶高程	水面高程		
1										
2										
3										

（2）计算数据见表5.9。

表 5.9　　　　　　　水工建筑物下游的底能消能实验计算数据表

实验次数	流量/(cm³/s)	收缩断面水深 h_c/cm		跃后水深 h_c''/cm		坎上水头 H_{10}/cm		消力坎高度 c/cm		消力池长度 l_B/cm	
		实测	计算	实测	计算	实测	计算	实测	计算	实测	计算
1											
2											
3											

【实验报告要求】

（1）实验目的与要求。

（2）实验数据。

（3）计算数据（应有计算实例）。

（4）实验结果分析。

（5）写出心得体会。

实验 5.4 各 种 水 面 线 的 演 示

【实验目的与要求】

（1）观察明渠各种底坡在不同的控制水深下的水面线变化规律。

（2）观察流态变换时的局部水力现象。

【实验设备与仪器】

实验设备为有机玻璃制作的活动水槽，如图5.14所示。活动水槽由左右两槽通过中间活动接头连接而成。左右两槽底坡分别可由电机驱动升降轴来调节。水槽沿程布置有透明玻璃管，用以显示槽内水面位置。通过水槽的流量由供水管路上安装的孔板流量计测定。底坡由标尺指示的刻度数经计算求得。

【实验原理】

（1）正常水深的计算（反底坡与平底坡无正常水深）。做h_0与K的关系曲线：

$$K = CA\sqrt{R}$$

式中　K——流量模数；

　　　　C——谢才系数；

　　　　A——过水断面面积；

　　　　R——水力半径。

由$K = \dfrac{Q}{\sqrt{i}}$可在$h_0 - K$曲线上查出h_0。其中Q为通过水槽的流量，i为槽的底坡。

（2）临界水深h_k的计算：

$$h_k = \sqrt[3]{\dfrac{\alpha q^2}{g}}\text{（矩形渠道）}$$

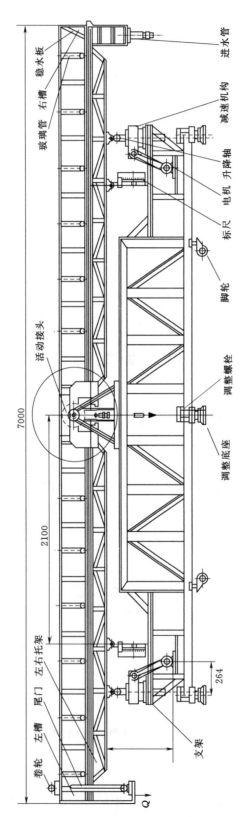

图 5.14 活动水槽（单位：mm）

式中 q——单宽流量，$q = \dfrac{Q}{b}$；

α——动量修正系数。

（3）由控制水深判断水面线类型。

（4）分析水面线的变化趋势：①水流在底坡不变的长渠道上流过，在很远的下游应产生正常水深；②水流从急流到缓流应产生水跃现象；③水流由缓流到急流应产生跌水现象。

第6章　闸、堰泄流

6.1　堰流与孔流

6.1.1　定义

水流在通过被建筑物缩小了的过水断面时流线收缩、流速增加、水位降落，但水流表面不受闸门约束而保持连续的自由水面，这种水流状态称为堰流，如图 6.1（a）、图 6.1（b）所示。当水流表面受到闸门下缘的约束，水流从闸门下的孔口中流出，这时水流没有连续降落的自由水面，过水断面的面积取决于闸门开度，这种水流状态称为闸孔出流，简称孔流，如图 6.1（c）、图 6.1（d）所示。

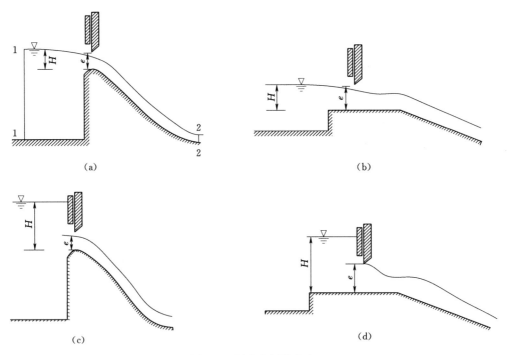

图 6.1　堰流和闸孔出流

6.1.2　堰流类型

按照堰壁厚度 δ 对堰流的影响，可将堰分为薄壁堰、实用堰和宽顶堰 3 种。

（1）薄壁堰流，$\delta/H < 0.67$，如图 6.2（a）所示。

（2）实用堰流，$0.67 < \delta/H \leqslant 2.5$，如图 6.2（b）和图 6.2（c）所示。

（3）宽顶堰流，$2.5 < \delta/H \leqslant 10$，如图 6.2（d）和图 6.2（e）所示。

当 $\delta/H > 10$ 时不属于堰流而为明渠流。

其中，δ 为堰壁厚度；H 为堰上水头，即堰上游水位与堰顶高程之差，P 为堰高。

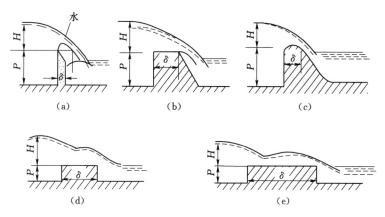

图 6.2 堰流分类

6.1.3 堰流与孔流的分界

形成堰流还是闸孔出流，这与闸坝的形式、位置、结构形式等有关，根据实验和实际运行的经验，一般可采用判别式（6.1）和式（6.2）来进行区分：

（1）宽顶堰式闸坝：

$$\left.\begin{array}{l} \dfrac{e}{H} > 0.65 \text{ 时，为堰流} \\[2mm] \dfrac{e}{H} \leqslant 0.65 \text{ 时，为闸孔出流} \end{array}\right\} \tag{6.1}$$

（2）实用堰式闸坝（闸门位于堰顶最高点处）：

$$\left.\begin{array}{l} \dfrac{e}{H} > 0.75 \text{ 时，为堰流} \\[2mm] \dfrac{e}{H} \leqslant 0.75 \text{ 时，为闸孔出流} \end{array}\right\} \tag{6.2}$$

式中 e——闸门开启高度；

H——堰闸前水头，如图 6.1 所示。

应该指出，上面的界限是堰流与孔流分界的最小值，因为堰流与孔流两种水流状态的相互转化，其分界并不是同一个固定的 e/H 值，而是存在着一个过渡区，它与闸门启闭操作程序有关。

6.2 闸 孔 出 流

6.2.1 闸孔出流流态判别准则

1. 宽顶堰上的闸孔出流

宽顶堰上的闸孔出流有两种情况：当下游水位较低，使闸孔下游发生远驱式水跃，这时下游水位不影响闸孔流量，为自由出流，如图 6.3 所示；当下游水位较高，使闸孔下游发生淹没式水跃，以至影响闸孔出流时，为淹没出流，如图 6.4 所示。

2. 实用堰上的闸孔出流

当下游水位低于堰顶，不影响闸孔出流时，为自由出流，如图 6.5 所示；当下游水位超

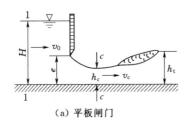
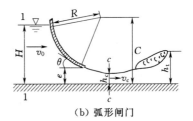

（a）平板闸门   （b）弧形闸门

图 6.3 自由出流

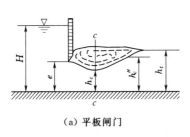
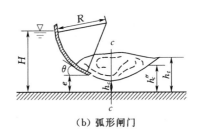

（a）平板闸门   （b）弧形闸门

图 6.4 淹没出流

过实用堰的堰顶时，下游水位将影响闸孔的泄流量，为淹没出流，如图 6.6 所示。

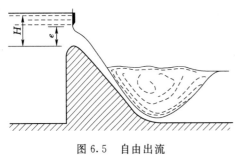
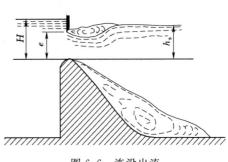

图 6.5 自由出流   图 6.6 淹没出流

6.2.2 闸孔出流能力的基本计算公式

1. 宽顶堰上的闸孔自由出流

$$Q = \mu_0 be \sqrt{2gH_0} \tag{6.3}$$

式中 b——闸孔净宽；

       e——闸孔开度；

       H_0——闸前总水头；

       μ_0——流量系数，可按如下经验公式确定：

$$\mu_0 = \begin{cases} 0.60 - 0.176\dfrac{e}{H} \text{（平板闸门）} \\[2mm] \left(0.97 - 0.81\dfrac{\theta}{180°}\right) - \left(0.56 - 0.81\dfrac{\theta}{180°}\right)\dfrac{e}{H} \text{（弧形闸门，} 25° < \theta \leqslant 90°\text{）} \end{cases} \tag{6.4}$$

2. 宽顶堰上的闸孔淹没出流

$$Q = \sigma_s \mu_0 be \sqrt{2gH_0} \tag{6.5}$$

式中 μ_0——宽顶堰闸孔自由出流流量系数；

σ_s——宽顶堰闸孔出流的淹没系数，由图 6.7 查得。

式（6.5）中的 H_0 在流量较小的情况下，可用 H 代替。

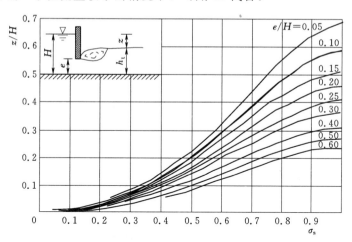

图 6.7 宽顶堰闸孔出流的淹没系数

3. 实用堰上的闸孔自由出流

实用堰单孔闸孔自由出流流量公式按式（6.3）计算，即

$$Q = \mu_0 be \sqrt{2gH_0} \tag{6.6}$$

式中 μ_0——实用堰闸孔自由出流流量系数，可用下列经验公式计算。

$$\mu_0 = \begin{cases} 0.745 - 0.274 \dfrac{e}{H} (\text{平板闸门}) \\ 0.685 - 0.19 \dfrac{e}{H} (\text{弧形闸门}) \end{cases} \tag{6.7}$$

以上两式的适用范围都是 $0.1 < e/H < 0.75$。

4. 实用堰上的闸孔淹没出流

实用堰上单孔闸孔淹没出流流量可近似按式（6.8）计算：

$$Q = \mu_0 be \sqrt{2g(H_0 - h_s)} \tag{6.8}$$

式中 μ_0——实用堰闸孔自由出流的流量系数；

h_s——下游水位超过堰顶的高度。

6.3 孔 口 与 管 嘴 出 流

6.3.1 概念

1. 孔口出流

在装有流体的容器壁上开一孔口，如容器内压强大于容器外压强，则流体将从孔口外流，这种流动现象称为孔口出流，如图 6.8（a）所示。

2. 管嘴出流

如容器壁较厚，或孔口上加设短管，而且容器壁厚或短管长度是孔口直径的 3～4 倍，则称为管嘴出流，如图 6.8（b）所示。

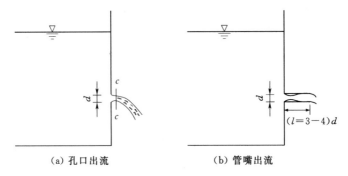

(a) 孔口出流　　　　　　　(b) 管嘴出流

图 6.8　孔口与管嘴出流

3. 孔口、管嘴出流的分类

(1) 恒定出流和非恒定出流。如流速和流量（即流动情况）不随时间而变，则为恒定出流，否则为非恒定出流。

(2) 自由出流与淹没出流。如出流不受下游水位影响，则为自由出流，否则为淹没出流。

6.3.2　薄壁孔口与管嘴恒定出流时过水能力的计算

1. 孔口恒定出流

自由出流时：

$$Q = \varphi\varepsilon A\sqrt{2gH_0} = \mu A\sqrt{2gH_0} \tag{6.9}$$

淹没出流时：

$$Q = \mu A\sqrt{2gz_0} \tag{6.10}$$

式中　φ——流速系数，$\varphi = \dfrac{1}{\sqrt{1+\zeta}}$；

μ——流量系数，$\mu = \begin{cases} 0.60 & (H>10d，圆形薄壁孔口) \\ 0.70\sim0.90 & (H<10d，矩形孔口) \end{cases}$；

H_0——以孔口中心为基准面的上游总水头；

z_0——淹没出流时，以下游水面为基准面的上游总水头；

ε——断面收缩系数，$\varepsilon = \dfrac{A_c}{A}$；

A_c——收缩断面面积；

A——孔口断面面积。

如图 6.9 所示，影响流股收缩的因素主要是孔口边缘的情况和孔口离开容器边界的距离。薄壁孔口（即锐缘孔口）的收缩系数最小，圆边孔口收缩系数较大。实验测得薄壁圆形小孔口，当 $H>10d$（d 为孔口直径）时，$\varepsilon = 0.62$。

2. 圆柱形管嘴出流 ［图 6.8 (b)］

自由出流时：

$$Q = \varphi_n A\sqrt{2gH_0} = \mu_n A\sqrt{2gH_0} \tag{6.11}$$

淹没出流时：

$$Q = \mu_n A\sqrt{2gz_0} \tag{6.12}$$

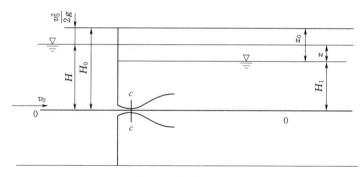

图 6.9 孔口恒定出流

式中　φ_n——流速系数；

μ_n——流量系数，因为管嘴内水流是满流的，出流水股基本上不发生收缩，所以流量系数 $\mu_n = \varphi_n$。

管嘴的水头损失系数 ζ_n 和管路直角进口的局部水头损失系数相同，可取 $\zeta_n = 0.5$，则

$$\varphi_n = \frac{1}{\sqrt{1.5}} \approx 0.82。$$

实际应用中还有其他形式的管嘴。各种管嘴出流的基本关系和圆柱形外管嘴一样，只是系数值各有不同。现将各种管嘴的图示及它们的参数列入表 6.1。

表 6.1　　　　　　　　　　　　各种管嘴的有关参数

管　嘴　种　类		水头损失系数 ζ	收缩系数 ε	流速系数 φ	流量系数 μ
圆柱形外管嘴		0.50	1.0	0.82	0.82
圆柱形内管嘴（满流）		1.0	1.0	0.707	0.707
圆柱形内管嘴（不满流）		0.06	0.53	0.97	0.51
圆锥形收敛管嘴 $\theta = 13°24'$		0.09	0.98	0.96	0.94
圆锥形扩散管嘴 $\theta = 5°\sim 7°$		4~3	1.0	0.45~0.50	0.45~0.59
流线形管嘴		0.04	1.0	0.98	0.98

由以上分析可以看出，管嘴出流公式与孔口出流公式在形式上完全一样，而 μ_n 比 μ 大。所以在同一水头作用下，具有同样断面的管嘴比孔口的过水能力要大。

加了管嘴之后，水头损失系数从孔口的 $\zeta=0.06$ 增加到管嘴的 $\zeta_n=0.5$。所以出流的流速有所降低，孔口的 $\varphi=0.97$ 降到管嘴的 $\varphi_n=0.82$。另外，加了管嘴之后，收缩系数由孔口的 $\varepsilon=0.62$ 增加到管嘴的 $\varepsilon_n=1.0$。后者的增加超过了前者的降低，总的结果使流量有所增加。

6.3.3 孔口的非恒定出流

设一横截面积为 Ω 的柱形容器，液体经过容器孔口自由出流。在孔口出流时，不向容器中补充流量，因而作用于孔口的水头逐渐减小，这是容器逐渐放空的情况，如图 6.10（a）所示。

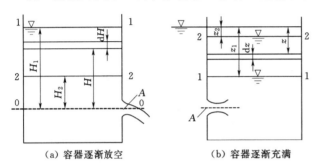

（a）容器逐渐放空 （b）容器逐渐充满

图 6.10 孔口非恒定出流

如图 6.10（b）所示为液体经过容器孔口向柱形容器逐渐充满的情况，这时形成的孔口出流为非恒定淹没出流。

设在微小时段 dt 内为恒定出流，因此有

$$Q=\mu A \sqrt{2gH} \text{ 或 } Q=\mu A \sqrt{2gz} \tag{6.13}$$

在 dt 内经过孔口的液体体积为

$$Qdt=\mu A \sqrt{2gH}\, dt \text{ 或 } Qdt=\mu A \sqrt{2gz}\, dt \tag{6.14}$$

与此同时，在 dt 时段内容器中体积改变量为 $-\Omega dH$。此值应与在 dt 内流出的液体体积相等，则有

$$-\Omega dH=\mu A \sqrt{2gH}\, dt \text{ 或 } -\Omega dz=\mu A \sqrt{2gz}\, dt \tag{6.15}$$

对式（6.15）积分可得作用水头由 H_1 变化到 H_2 所经过的时间为

自由出流时：

$$T_{1\text{-}2}=\frac{2\Omega}{\mu A \sqrt{2g}}(\sqrt{H_1}-\sqrt{H_2}) \tag{6.16}$$

淹没出流时：

$$T_{1\text{-}2}=\frac{2\Omega}{\mu A \sqrt{2g}}(\sqrt{z_1}-\sqrt{z_2}) \tag{6.17}$$

6.4 堰 顶 溢 流

6.4.1 宽顶堰流

1. 定义

当堰顶厚度 $\delta>2.5H$ 时，堰上水流受堰顶的约束，不能自由跌落，在堰顶上出现一段近似平行于堰顶的流线，这种水流称为宽顶堰流。

2. 自由溢流和淹没溢流的判别

当堰下游水位升高到影响泄流能力时，宽顶堰流成为淹没溢流，否则为自由溢流，如图 6.11 所示。

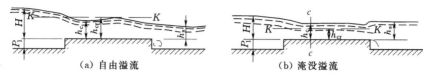

（a）自由溢流 （b）淹没溢流

图 6.11 自由溢流和淹没溢流

在同样的上游水头情况下，淹没溢流的流量要小于自由溢流的流量。

判别准则：

$$\frac{h_s}{H_0}>0.8,淹没溢流$$

式中 h_s——下游水位超过堰顶的水深。

3. 宽顶堰流的基本公式

（1）自由溢流：

$$Q=mb\sqrt{2g}H_0^{\frac{3}{2}} \tag{6.18}$$

（2）淹没溢流：

$$Q=\sigma_s mb\sqrt{2g}H_0^{\frac{3}{2}}=m_{淹}b\sqrt{2g}H_0^{\frac{3}{2}} \tag{6.19}$$

式中 b——净宽；

H_0——包括行进流速水头的堰前水头，即 $H_0=H+\frac{v_0^2}{2g}$。其中 v_0 为行进流速；

m——自由溢流的流量系数，它与堰型、堰高等边界条件有关；

σ_s——淹没系数。

4. 宽顶堰流的流量系数与淹没系数

（1）流量系数 m：

$$m=0.32+0.01\frac{3-P_1/H}{0.46+0.75P_1/H}（进口边缘为直角） \tag{6.20}$$

当 $P_1/H\geqslant3.0$ 时，$m=0.32$。

$$m=0.36+0.01\frac{3-P_1/H}{1.2+1.5P_1/H}（进口边缘为圆角） \tag{6.21}$$

当 $P_1/H\geqslant3.0$ 时，$m=0.36$。

（2）宽顶堰流淹没系数 σ_s 可查表 6.2。

表 6.2　　　　　　　　　　　宽顶堰流淹没系数表

$\frac{h_s}{H_0}$	0.8	0.81	0.82	0.83	0.84	0.85	0.86	0.87	0.88	0.89
σ_s	1.00	0.995	0.99	0.98	0.97	0.96	0.95	0.93	0.90	0.87
$\frac{h_s}{H_0}$	0.90	0.91	0.92	0.93	0.94	0.95	0.96	0.97	0.98	
σ_s	0.84	0.81	0.78	0.74	0.70	0.65	0.59	0.50	0.40	

6.4.2　曲线型实用堰流

（1）常用的曲线型实用堰的剖面形式有 WES 标准剖面和克里格尔-奥菲采洛夫剖面（简称克-奥曲线剖面）等。

（2）实用堰流的基本公式与式（6.18）、式（6.19）相同。

（3）实用堰流流量系数。

1）WES 剖面堰。WES 剖面堰在设计水头 H_d 时的流量系数 $m=0.502$。当 $P \geqslant 1.33H_d$ 时，上游面垂直的 WES 剖面流量系数可查图 6.12。

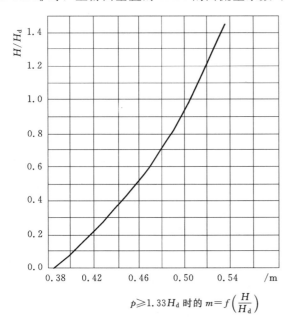

图 6.12　WES 剖面流量系数

2）克-奥曲线剖面堰。克-奥剖面堰在设计水头 H_d 时的流量系数 $m=0.49$，当堰高 $P \geqslant 3H_d$ 时，流量系数 m 可按罗查诺夫公式计算：

$$m=0.49\left[k+(1-k)^3\sqrt{\frac{H}{H_d}}\right]$$

（6.22）

其中　　$k=0.778-0.00175\theta_1$

式中　θ_1——堰的上游面倾角，（°）。

式（6.22）适用范围为

$$H/H_d=0.2\sim2.0 \text{ 及 } \theta_1=15°\sim19°$$

（4）实用堰的淹没系数 σ_s。对于一般高堰，当下游水位超过堰顶，并在下游发生淹没水跃时，称为淹没堰流。根据实验，实用堰下游发生淹没式水跃的条件为

$$\frac{z}{P_2}<\left(\frac{z}{P_2}\right)_{cr}$$

（6.23）

式中　z——上、下游水位差；

P_2——堰顶与堰下游底板的高程差。

临界值 $(z/P_2)_{cr}$ 不仅和相对水头 H/P_2 有关，而且和流量系数 m 有关。$(z/P_2)_{cr}$ 值可由图 6.13 查得。

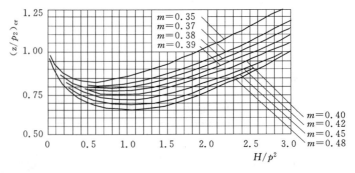

图 6.13　$(z/p_2)_{cr}$ 值

实用堰的淹没系数 σ_s 可由表 6.3 查得，表中 h_s 为下游水面超过堰顶的高度，此表对曲

线型实用堰和折线型实用堰都适用。

表 6.3					实用堰淹没系数 σ_s 值					
$\dfrac{h_s}{H_0}$	0.00	0.05	0.10	0.15	0.20	0.25	0.30	0.35	0.40	0.45	0.50
σ_s	1.00	0.996	0.991	0.986	0.981	0.976	0.97	0.963	0.956	0.948	0.937
$\dfrac{h_s}{H_0}$	0.55	0.60	0.65	0.70	0.75	0.80	0.85	0.90	0.95	1.00	
σ_s	0.923	0.907	0.886	0.856	0.821	0.778	0.709	0.621	0.438	0.00	

实验 6.1　孔口、管嘴实验

【实验目的与要求】

（1）观察孔口出流和管嘴出流情况，找出泄流量 Q 与水头 H 的关系。

（2）测定薄壁小孔口自由出流流量系数 μ，断面收缩系数 ε 和流速系数 φ 及局部阻力系数 ζ。

【实验设备与仪器】

（1）实验设备简图如图 6.14 所示。

（2）仪器。

1）卡尺。

2）测压管。

3）水桶 1 个。

4）磅秤 1 台。

5）秒表 1 个。

【实验原理】

取通过孔口中心的水平面为基准面，写出 1—1 断面与 c—c 断面的能量方程式，考虑到水头损失主要是局部损失，在一定水头作用下孔口（或管嘴）自由出流时，其流量可用式（6.24）表示：

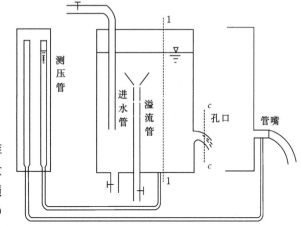

图 6.14　孔口、管嘴实验设备简图

$$Q = \mu A \sqrt{2gH_0} \tag{6.24}$$

式中　μ——流量系数，由实验可得

$$\mu = \frac{Q}{A\sqrt{2gH_0}} \tag{6.25}$$

$$H_0 = H + \frac{\alpha v_0^2}{2g}$$

因 $\dfrac{\alpha v_0^2}{2g}$ 很小可忽略不计，于是

$$H_0 = H$$

又

$$\mu = \varepsilon\varphi \tag{6.26}$$

式中　φ——流速系数；

　　　ε——断面收缩系数。

$$\varepsilon = \frac{A_c}{A} \tag{6.27}$$

式中　A_c——收缩断面面积；

　　　A——孔口断面面积。

因

$$\varphi = \frac{1}{\sqrt{1+\zeta}}$$

故孔口局部阻力系数为

$$\zeta = \frac{1}{\varphi^2} - 1 \tag{6.28}$$

【实验步骤与方法】

（1）记录已知固定常数，如设备编号，孔口（或管嘴）直径 d。

（2）打开进水阀，将水箱内放入适当流量（$H > 10d$ 为孔口出流）。待水箱中水位稳定后，读记水箱中水位在测压管中的读数 H_1 及管嘴上的测压管的读数 h。

（3）用外卡尺测量距离孔口 $\frac{1}{2}d$ 处的（收缩断面）水股断面尺寸——水平直径 a 和垂直直径 b。收缩断面面积用式（6.29）计算：

$$A_c = \frac{\pi}{4}ab \tag{6.29}$$

（4）用体积法测量流量。

（5）改变流量 5～6 次重复步骤（2）～（4）。

（6）实验完毕后，关闭进水阀，打开排水阀，放空积水，最后清扫实验场地。

【注意事项】

（1）实验前检查泄水阀门，确保已关好。

（2）每次测量时，应保证水流稳定，水位无波动现象。

（3）测量孔口收缩断面直径时要仔细，卡尺既不能阻碍水流又不能离开水流。

【思考题】

（1）孔径相同的孔口和管嘴，哪一个流量系数大？为什么？作用水头相同，哪个流速大？为什么？自由出流的射流轨迹有什么特点？

（2）为什么有的射流紧密不碎、射程较远，有的射流破碎成滴？

【实验资料整理】

（1）已知数据。

实验设备号_____

孔口直径 $d =$_____ cm　　　　孔口断面面积 $A =$_____ cm^2

管嘴直径 $d =$_____ cm　　　　管嘴断面面积 $A =$_____ cm^2

孔口中心或管嘴中心位置读数 $h_0 =$ _____ cm

（2）实验数据见表 6.4。

表 6.4 孔口、管嘴实验数据表

实验项目		测压管读数 H_1/cm	测负压的测压管读数 h_1/cm	体积法		收缩断面		
				水体积 /cm³	时间 T /s	直径		收缩断面面积
						a /cm	b /cm	$A_c = \dfrac{\pi}{4}ab$ /cm²
孔口	1							
	2							
	⋮							
管嘴	1							
	2							
	⋮							

（3）计算数据见表 6.5。

表 6.5 孔口、管嘴实验计算表

实验项目		流量 Q /(cm³/s)	$H = H_1 - h_0$ /cm	$\sqrt{2gH}$ /(cm/s)	$A\sqrt{2gH}$ /(cm³/s)	$\mu = \dfrac{Q}{A\sqrt{2gH}}$	$\varepsilon = \dfrac{A_c}{A}$	$\varphi = \dfrac{\mu}{\varepsilon}$	$\zeta = \dfrac{1}{\varphi^2} - 1$	实测负压水头 $h = h_1 - h_0$
孔口	1									
	2									
	⋮									
管嘴	1									
	2									
	⋮									

【实验报告要求】

（1）实验目的与要求。

（2）实测数据。

（3）计算数据（应有计算举例）。

（4）绘出 $Q = f(H^{0.5})$ 关系曲线。

（5）写出心得体会。

＊圆柱形外管嘴在水流收缩断面处的真空度为 $0.75H$。

实验 6.2 闸 孔 出 流 实 验

【实验目的与要求】

（1）观察闸孔出流时的流态（自由出流和淹没出流）。

（2）掌握测定闸孔出流流量系数的方法，并将实测值与经验公式计算值进行比较。

【实验设备与仪器】

实验设备简图如图 6.15 所示。

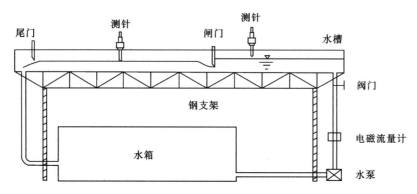

图 6.15　闸孔出流实验设备简图

需用仪器有电磁流量计、测针等。

【实验原理】

当水流自闸孔出流时，由于液体质点运动的惯性，使出流水股在离闸孔约（2～3）e 处（e 为闸门开度）有一最小断面，即收缩断面 $c—c$，如图 6.16 所示。

设水槽的底坡 $i=0$，取槽底平面为基准面，写出 1—1 断面与 $c—c$ 断面的能量方程：

$$H+\frac{v_0^2}{2g}=h_c+\frac{v_c^2}{2g}+h_w$$

由于两断面距离较短，主要是局部损失，因为

$$v_c=\frac{1}{\sqrt{1+\zeta}}\sqrt{2g(H_0-h_c)}$$

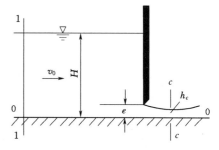

图 6.16　收缩断面

设闸门宽度为 b，所以

$$Q=\mu be\sqrt{2g(H_0-h_c)}$$
$$=\mu be\sqrt{2gH_0}\sqrt{1-\frac{\varepsilon_2 e}{H_0}}$$
$$=\mu_0 be\sqrt{2gH_0}$$

因此，自由出流的流量系数 μ_0 可在实验中测得

$$\mu_0=\frac{Q}{be\sqrt{2gH_0}} \tag{6-30}$$

淹没出流的流量系数 $\mu_淹$ 由式（6.31）求得

$$\mu_淹=\frac{Q_淹}{be\sqrt{2gH_0}} \tag{6-31}$$

淹没系数

$$\sigma_s=\frac{\mu_淹}{\mu_0}=\frac{Q_淹}{Q}（注意在 H_0 相同时） \tag{6-32}$$

【实验步骤与方法】

（1）记录有关已知数据。

（2）打开进水阀，向槽中放入适当的流量。需使水头 $H \geqslant 1.54e$ 才能为孔流，并使闸下出现自由出流。

（3）待水位稳定后，记录流量 Q、上下游水深 H、h_t 以及收缩断面处水深。

（4）调节下游水深和流量使上游水深不变且闸下出现淹没状态，记录流量 Q、下游水深 h_t。

（5）改变流量与开度，对自由出流和淹没出流各做 2～3 次实验。

（6）实验完毕后关闭进水阀，并清理实验场地。

【思考题】

（1）实验测得的自由出流的流量系数 μ_0 与 $\dfrac{e}{H}$ 有什么关系？

（2）实验中要求 $\dfrac{e}{H}$ 在什么范围内？

【实验资料整理】

（1）已知数据。

实验水槽编号＿＿＿＿＿＿＿＿＿＿　　　　水槽宽度 $b=$ ＿＿＿＿＿＿＿＿＿＿ cm

（2）观测数据见表 6.6。

表 6.6　　　　　　　　　　　　　闸孔出流实验观测数据表

次数	流量测定			闸门开度 e /cm	上游水深		收缩断面水深 h_c		下游水深 h_t		出流状态
	体积 /cm³	时间 /s	流量 Q /(cm³/s)		槽底高程 /cm	水面高程 /cm	槽底高程 /cm	水面高程 /cm	槽底高程 /cm	水面高程 /cm	
1											
2											
⋮											

（3）计算数据见表 6.7。

表 6.7　　　　　　　　　　　　　闸孔出流实验计算数据表

次数	流量 Q /(cm³/s)	闸门开度 e /cm	上游水深 H /cm	相对开度 $\dfrac{e}{H}$	上游流速水头 $\dfrac{v^2}{2g}$ /cm	上游总水头 H_0 /cm	$\sqrt{H_0}$	流量系数			流态
								实测	经验	误差 /%	
1											
2											
⋮											

【实验报告要求】

（1）实验目的与要求。

（2）实测数据。

（3）计算数据（应有计算实例）。

（4）实验结果分析。

绘制闸下出流的 $\mu_0 = f\left(\dfrac{e}{H}\right)$ 曲线与式（6.4）比较，并对上述实验成果进行分析讨论。

（5）完成实验以后有哪些收获，得出了哪些主要结论。

实验 6.3　宽 顶 堰 溢 流 实 验

【实验目的与要求】

（1）观察宽顶堰的溢流现象并验证堰流流量关系式。

（2）掌握测定堰流的流量系数及淹没系数的实验原理和方法。

【实验设备与仪器】

实验设备简图如图 6.17 所示。

需用仪器有电磁流量计、测针等。

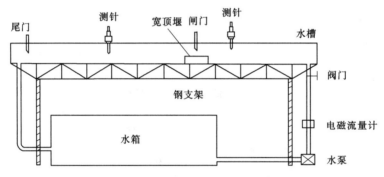

图 6.17　堰流实验设备简图

【实验原理】

堰在水利水电工程中既是挡水建筑物又是泄水建筑物。堰的作用是抬高水位和宣泄流量。当水流从堰顶溢流时，水面线是一条光滑的降水曲线，并在较短的距离内流线发生急剧的弯曲，离心惯性力对建筑物表面的压强分布及建筑物的过水能力均有一定的影响。其出流过程的能量损失主要是局部水头损失。与堰的过流能力有关的特征参数有堰上水头、堰顶厚度、堰宽以及堰的形状等。

非淹没堰（自由泄流）

根据理论分析可知，堰的泄流量 Q 与堰上水头 $H_0^{\frac{3}{2}}$ 之间成一定比例，即

$$Q = mb\sqrt{2g}\,H_0^{\frac{3}{2}}$$

所以

$$m = \frac{Q}{b\sqrt{2g}\,H_0^{\frac{3}{2}}} \tag{6-33}$$

同理

$$m_淹 = \frac{Q_淹}{b\sqrt{2g}\,H_0^{\frac{3}{2}}} \tag{6-34}$$

$$m_{淹} = \sigma_s m \tag{6-35}$$

淹没界限由 A.P. 别列辛斯基经验公式确定，即

$$\zeta_n = \frac{h_t - P}{h_k} \geqslant 1.3 \tag{6-36}$$

式中　Q——泄流量，cm^3/s；

　　m——堰的流量系数；

　　$m_{淹}$——淹没堰的流量系数；

　　σ_s——淹没系数，查表 6.2；

　　h_t——堰下游水深；

　　P——下游堰高。

【实验步骤与方法】

（1）记录有关常数，如设备号、水槽宽度、堰顶厚度、上游堰高、堰顶标高等。

（2）打开水泵，开启进水阀放入槽中适当的流量，分别使 $\frac{\delta}{H} > 10$，$\frac{\delta}{H} = 2.5 \sim 10$，$\frac{\delta}{H} < 2.5$，并分别测出水面曲线。

（3）调节流量使 $\frac{\delta}{H} = 2.5 \sim 10$，调节尾门，使宽顶堰为自由溢流，用电磁流量计测量流量，用测针测量上游水面标高。调节尾门使宽顶堰流为临界状态，用测针测量下游水面标高。再调节尾门使宽顶堰为淹没溢流，用测针测量上游和下游的水面标高。

（4）改变流量 5～6 次，重复上述实验步骤。

（5）实验完毕，关闭水泵和进水阀，并清扫场地。

【思考题】

（1）试分析 m 值的变化规律和原因。

（2）从实验中说明在什么情况下堰流才开始淹没？如何从现象上观察出来？

【实验资料整理】

（1）已知数据。

实验设备号_____　　水槽宽度 $b =$ _____ cm

$\nabla_0 =$ _____ cm　　宽顶堰堰厚 $\delta =$ _____ cm

堰顶高程 $\nabla_1 =$ _____ cm　槽底高程：上游 $\nabla_2 =$ _____ cm

下游 $\nabla_3 =$ _____ cm

（2）实验数据。

1）水面线记录到表 6.8 上。

表 6.8　　　　　　　　　　　　　　水　面　线

溢流情况	标高	位　　置		
		上游	堰顶	下游
临界	距离/cm			
	标高/cm			

2) 系数的测定记录到表 6.9 上。

表 6.9   系 数 的 测 定

次数	流量测定	宽顶堰上下游水位标高					
		自由溢流		临界		淹没出流	
	电磁流量计 Q	下游 /cm	上游 /cm	下游 /cm	上游 /cm	下游 /cm	上游 /cm
1							
2							
⋮							

（3）计算数据见表 6.10。

表 6.10   宽顶堰溢流实验计算表

次数	流量 Q /(cm³/s)	上游水深 h_1 /cm	堰上水头		流量系数		淹没系数		淹没临界值	
			H	H_0	实测	计算	实测	经验	实测	经验
1										
2										
⋮										

【实验报告要求】

（1）实验目的与要求。

（2）实测数据。

（3）计算数据（应有计算举例）。

（4）实验结果分析。

1）各 $\dfrac{\delta}{H}$ 值时的宽顶堰流的水面线分析。

2）绘制并分析 $Q = f(H_0^{1.5})$ 曲线。

3）对流量系数 m、淹没系数 σ_s 和淹没界限值与经验公式或查表所得的值进行分析比较。

（5）写出心得体会。

实验 6.4 实用堰泄流实验

【实验目的与要求】

（1）观察不同情况下实用堰的水流现象以及下游水位对堰流的影响。

（2）测定无侧收缩实用堰为自由溢流时的流量系数及淹没时的淹没系数。

【实验设备与仪器】

实验设备简图如图 6.18 所示。

【实验原理】

$$m = \frac{Q}{b\sqrt{2g}\,H_0^{\frac{3}{2}}} \qquad\qquad (6-37)$$

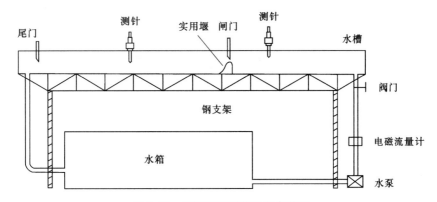

图 6.18　实用堰泄流实验设备简图

$$m_淹 = \frac{Q_淹}{b\sqrt{2g}\,H_0^{\frac{3}{2}}} \qquad\qquad (6-38)$$

$$m_淹 = \sigma_s m \qquad\qquad (6-39)$$

【实验步骤与方法】

（1）记录有关常数。

（2）打开水泵，开启进水阀门，放入槽中适当的流量，使流动在实用堰范围内，待流动稳定后，测量并记录流量、上游水位读数。

（3）调节尾门，观察开始淹没溢流的水流现象，测量并记录上下游水位读数。

（4）调节尾门，改变下游水位使流动成为淹没溢流，待流量稳定之后，测量并记录上下游水位。

（5）改变流量 3～4 次，重复上述步骤。

（6）实验完毕，关闭水泵和进水阀并清扫实验场地。

【思考题】

（1）测量堰上水头应在何处安置测针？

（2）在什么情况下实用堰为淹没溢流？此时对泄流能力有何影响？

【实验资料整理】

（1）已知数据。

实验设备号_____　　　　　水槽宽度 $b=$_____ cm

实用堰顶高程=_____ cm　　槽底高程：上游$\nabla_1=$_____ cm

下游$\nabla_2=$_____ cm

（2）实验观测数据及计算数据（参考实验 6.3）。

【实验报告要求】

（1）实验目的与要求。

（2）实测数据。

（3）计算数据（应有计算举例）。

（4）绘制 $Q=f(H_0^{1.5})$ 曲线。

（5）将实测的 m、σ_s 与由经验公式计算或图表所得结果进行比较。

（6）写出心得体会及实验结果的评价。

第7章 渗 流

7.1 基本概念与渗流模型

流体在孔隙介质中的运动称为渗流。孔隙介质是指由颗粒状或碎块状固体材料组成，其内部包含着许多互相连通的孔隙或裂隙的物质。在水利工程中，渗流就是指水在土壤、碎石或岩层中的运动，故也称地下水渗流。

地下水渗流分有压渗流和无压渗流。具有自由表面的渗流称为无压渗流，如土坝渗流。位于不透水层下面没有自由表面的渗流称为有压渗流，如闸底板下的渗流。

土壤（对多孔介质的简称）的特性对渗流影响甚大，各处透水性能相同的土壤，称为均质土壤，否则，称为非均质土壤。土壤的任一点在各个方向的透水性能均相同的土壤称为各向同性土壤，否则称为各向异性土壤，例如，由同一粒径组成的球状土壤是均质各向同性土壤，其渗透性质与地下水流动方向无关。若是由同一大小及同一来源的平行四边形体所组成的土壤，其渗透特性与方向有关，此土壤是均一的但不是各向同性的。

由于土壤粒径的大小、孔隙的形状以及分布状况是非常复杂的，要详细地确定渗流在各个孔隙中的流动情况是十分困难或者是几乎不可能的，为了能进行研究，引入渗流模型的概念。所谓渗流模型是略去渗流区内的土壤颗粒，假设全部渗流空间为流体所充满，但任一断面上的渗流量等于实验渗流量，水头损失等于实际水头损失，而在整个模型区内，任一点的渗流运动要素可以表示成渗流空间的连续函数，这样就便于用流体力学或水力学的方法进行研究。但渗流模型中的流速 u 和实际渗透流速 u_0 不等，它们之间的关系为

$$u = nu_0$$

式中　n——土壤的孔隙率。

7.2 达 西 定 律

法国工程师达西利用图 7.1 所示的渗流实验装置对砂质土壤进行了大量的实验，通过实验研究总结出渗流的渗透流速与水头损失之间的基本关系式为

$$v = kJ \tag{7.1}$$

式中　k——渗透系数，反映土壤特性对透水性的影响，它可理解为在单位水力坡度下的渗透流速，其数值常通过室内实验和现场实测来确定，初估时可参考水力学或其他文献的有关资料；

　　　　J——渗透坡降，$J = \dfrac{h_w}{s}$；

　　　　h_w——渗流水头损失；

　　　　s——渗径长度。

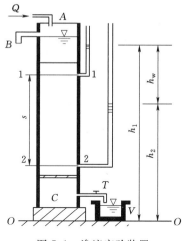

图 7.1 渗流实验装置

式（7.1）称为达西定律，它表示渗流中的水头损失与渗透流速成比例，因此称为渗流的线性定律，这个定律只适用于层流渗流。

7.3 无压恒定渐变渗流的基本方程及其浸润线

渐变渗流的基本微分方程（也称裘皮幼公式）为

$$v=-k\frac{\mathrm{d}H}{\mathrm{d}s}=k\left(i-\frac{\mathrm{d}h}{\mathrm{d}s}\right) \tag{7.2}$$

$$Q=Av=Ak\left(i-\frac{\mathrm{d}h}{\mathrm{d}s}\right) \tag{7.3}$$

式中　$\dfrac{\mathrm{d}H}{\mathrm{d}s}$——断面的水力坡降，不同断面处具有不同数值，同一断面处是个常数；

v——断面平均流速；

i——不透水层的底坡；

h——地下水渗流的水深；

A——地下水渗流的过水断面面积；

Q——通过断面 A 的流量。

若地下水为均匀渗流，则

$$v=ki \tag{7.4}$$

单宽流量为

$$q=kih_0 \tag{7.5}$$

式中　h_0——均匀渗流的水深。

分析地下渠的水面线（即浸润线）时，因 $\dfrac{v^2}{2g}$ 很小，可以略去，故断面比能 $E_s=h+\dfrac{v^2}{2g}$ 变为 $E_s=h$，即 E_s 随 h 呈线性变化，不存在极小值，自然也没有临界水深和临界底坡，只有 $i>0$、$i=0$、$i<0$ 这 3 种底坡。对于 $i>0$ 的正底坡，可以发生如图 7.2（a）所示的两种水面线，对 $i=0$ 和 $i<0$ 的情况，则只能发生降水曲线，如图 7.2（b）和图 7.2（c）所示。

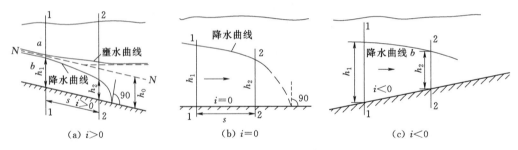

（a）$i>0$　　　　　　　　（b）$i=0$　　　　　　　　（c）$i<0$

图 7.2　地下渠的水面线

上述 3 种底坡上发生的水面线计算公式如下：

$i>0$ 时：

$$s=\frac{h_0}{i}\left(\eta_2-\eta_1+2.31\lg\frac{\eta_2-1}{\eta_1-1}\right) \tag{7.6}$$

$i=0$ 时：

$$s=\frac{k}{2q}(h_1^2-h_2^2) \tag{7.7}$$

$i<0$ 时：

$$s=\frac{h_0}{|i|}\left(\eta_1-\eta_2+2.31\lg\frac{\eta_2+1}{\eta_1+1}\right) \tag{7.8}$$

$$\eta_1=\frac{h_1}{h_0},\quad \eta_2=\frac{h_2}{h_0}$$

式中　h_0——均匀渗流的正常水深。

7.4　土　坝　渗　流

图 7.3 所示为一座均质土坝，在上、下游水位差的作用下，坝身内产生渗流运动。

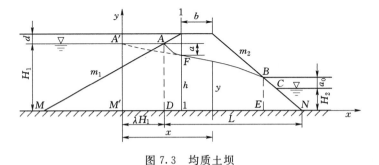

图 7.3　均质土坝

解决土坝渗流问题，是要正确确定经过土坝的渗流量的大小、水面线（即浸润线）的位置和在下游坝坡的出逸高度等。土坝平面渗流问题，常采用分段法进行计算。一般有三段法和两段法，下面仅对两段法加以介绍。

两段法中的第一段用矩形体 $AA'M'D$ 代替三角体 AMD，该矩形体宽度 λH_1 的确定应满足下列的条件：即在相同的上游水位 H_1 和单宽渗流量 q 的情况下，通过矩形体和三角体到达通过上游坝肩的 1—1 断面时的水头损失 a 相等。根据试验研究，设等效的矩形体宽度为 λH_1，λ 值可由式（7.9）确定：

$$\lambda = \frac{m_1}{1 + 2m_1} \tag{7.9}$$

式中　m_1——土坝上游的边坡系数。

这样，整个渗流区就由两段组成，第一段为 $AA'M'EB$，第二段为 BEN。

上游段单宽渗流量为

$$q = \frac{k\left[H_1^2 - (a_0 + H_2)^2\right]}{2\left[L + \lambda H_1 - m_2(a_0 + H_2)\right]} \tag{7.10}$$

下游段单宽渗流量为

$$q = \frac{ka_0}{m_2}\left(1 + 2.3\lg\frac{a_0 + H_2}{a_0}\right) \tag{7.11}$$

联立求解式（7.10）和式（7.11），可求得土坝的单宽渗流量 q 和出逸高度 a_0。求解时可用试算法。

对于其他透水坝型，如心墙坝、斜墙坝以及有排渗棱体的坝，也可计算，同时也可用实验来求解，特别是对于比较复杂的边界条件和比较复杂的排渗设施的渗流问题，要求出解析解往往十分困难或者根本不可能，这时可用实验方法，比较易于求出结果。

7.5　恒定渗流的基本微分方程及其解法

1. 基本微分方程

将达西定律推广到三元渗流中去，则得地下水运动微分方程为

$$\left. \begin{aligned} u_x &= -k_x\frac{\partial H}{\partial x} \\ u_y &= -k_y\frac{\partial H}{\partial y} \\ u_z &= -k_z\frac{\partial H}{\partial z} \end{aligned} \right\} \tag{7.12}$$

若为均质各向同性土壤，则

$$k_x = k_y = k_z = k$$

运动微分方程为

$$\left. \begin{aligned} u_x &= -k\frac{\partial H}{\partial x} = \frac{\partial \varphi}{\partial x} \\ u_y &= -k\frac{\partial H}{\partial y} = \frac{\partial \varphi}{\partial y} \\ u_z &= -k\frac{\partial H}{\partial z} = \frac{\partial \varphi}{\partial z} \end{aligned} \right\} \tag{7.13}$$

式中　φ——渗流的速度势，$\varphi = -kH$。

根据质量守恒原理可得渗流的连续性方程为

$$\frac{\partial u_x}{\partial x}+\frac{\partial u_y}{\partial y}+\frac{\partial u_z}{\partial z}=0 \tag{7.14}$$

将式（7.13）代入式（7.14），得

$$\frac{\partial^2 H}{\partial x^2}+\frac{\partial^2 H}{\partial y^2}+\frac{\partial^2 H}{\partial z^2}=0 \tag{7.15}$$

或者

$$\frac{\partial^2 \varphi}{\partial x^2}+\frac{\partial^2 \varphi}{\partial y^2}+\frac{\partial^2 \varphi}{\partial z^2}=0 \tag{7.16}$$

式（7.16）说明地下水运动满足拉普拉斯方程，因此，解决这类渗流问题，可以不必解上述复杂的微分方程组，而归结为解拉普拉斯方程，求渗流的速度势 φ（或水头函数 H）的问题，求得 φ（或 H）后，就可求渗流的流速场和压强场。即得

$$u_x=\frac{\partial \varphi}{\partial x}, \ \ u_y=\frac{\partial \varphi}{\partial y}, \ \ u_z=\frac{\partial \varphi}{\partial z}$$

$$H=z+\frac{p}{\gamma}+\frac{u^2}{2g}$$

若取 $\dfrac{u^2}{2g}\approx 0$，则 $\qquad\qquad\qquad\qquad \dfrac{p}{\gamma}\approx H-z$

对于平面渗流，除了存在上述的速度势 φ 以外，还存在流函数 ψ 也满足拉普拉斯方程，平面渗流中的速度势函数和流函数是共轭函数。

2. 解法

在比较简单的和比较规则的边界条件下，可直接解拉普拉斯方程求得渗流的解析解。但在多数情况下，用这种方法求解是困难的，在工程上常用的有图解法（流网法）、实验法和数值计算法，这里只简单介绍流网法和实验法。

（1）流网法。

1）绘制流网。下面根据平面渗流的特点并结合图 7.4 所示的水工建筑物透水地基的有压渗流对流网作如下说明：

a. 水工建筑物地下轮廓和不透水边界是边界流线。如图 7.4 中地下轮廓和不透水边界都是边界流线，其他流线位于两者之间。

b. 上、下游河床表面 1—1 和 18—18 分别是入渗面和逸出面，而且都是边界等势线（等水头线），其他等势线位于两者之间。如 2—2，…，17—17 等。

c. 根据流网的定义，绘制流网时要使等势线和流线正交，并使网格成曲线正方形。初绘的流网，不一定符合流网的特性，须反复修改。绘制的流网是否正确，可用网格的对角线来检验。

2）应用流网求解渗流。做出了流网之后，就可应用流网进行渗流计算。设流网如图 7.4 所示，上、下游水位差为 H，流网共有 $n+1$ 条等势线，$m+1$ 条流线。则渗流各项运动要素可求解如下：

单宽渗流量：

$$q=k\frac{m}{n}H \tag{7.17}$$

水力坡度 J：

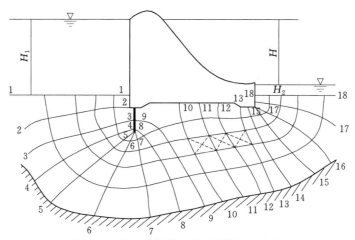

图 7.4 水工建筑物透水地基的有压渗流

$$J = \frac{H}{n\Delta s} \tag{7.18}$$

渗流区内各点渗透流速：

$$u = kJ = \frac{kH}{n\Delta s} \tag{7.19}$$

式中 Δs——网格平均长度。

3）渗透压强的计算。

a. h 分布图的绘制。

设流网图中各等势线与地下轮廓线的交点为 1，2，$\cdots$，18，将上、下游水头差 H 分为 n 等分（共有 $n+1$ 条等势线），过每一等分点做一水平线；另外在等势线与地下轮廓线的交点 1，2，$\cdots$，18 各点处做铅垂线，依次与通过 H 的等分点的水平线相交于 $1'$，$2'$，$\cdots$，$18'$ 各点，把这些交点连成折线，即得到基底各点的 h 分布图，如图 7.5 所示。

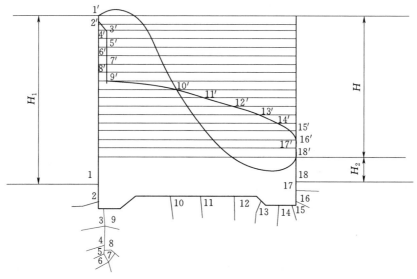

图 7.5 h 分布图

b. y 分布图的绘制。因为下游水位以下至地下轮廓各点的距离即为基底各点的 y 值，所以下游水位以下至地下轮廓 1－2－3－……18 所围成的图形即是 y 分布图。

设 h 分布图和 y 分布图的面积分别为 Ω_1 和 Ω_2，总面积为 Ω，则 $\Omega=\Omega_1+\Omega_2$，如图 7.6 所示。

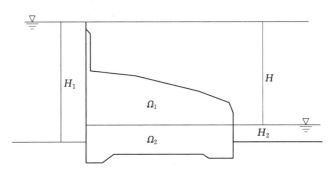

图 7.6　h 分布和 y 分布

作用于单位长度闸坝基底上的渗透总压力为

$$P=\gamma\Omega_1+\gamma\Omega_2=\gamma\Omega \tag{7.20}$$

渗透总压力 P 也称为扬压力，其中 $\gamma\Omega_2$ 称为浮托力。

（2）实验法。实验法是按一定的比例，把原型渗流场缩制成模型，然后对模型渗流场进行测量、分析和换算，求得原型渗流场中的水力参数。特别是对于比较复杂的渗流情况，解析法、计算法都难以解决的问题，实验法是一个重要手段。实验法可分为两大类：一类是砂模，就是用土壤或岩石样品按某一缩小的比例制造的模型，使模型中产生相似的渗流运动，例如渗流槽中的砂模型；另一类是用相似物理过程的比拟模型，因这些物理过程和渗流都满足同样的数学关系，有电比拟、热比拟和薄膜比拟等，其中电比拟最常用，因这种模型测量精度高，易于制作，优点较多，在电比拟中最常用的有水电比拟与电阻网模拟，而我们后边要进行的实验（导电介质）就是用的水或其溶液，其实验原理和方法以及计算公式见实验相关部分。

实验7.1　达　西　实　验

【实验目的与要求】

（1）测定均质砂的渗透系数 k 值。

（2）测定通过砂体的渗透流量与水头损失的关系，验证达西定律。

【实验设备与仪器】

实验设备如图 7.1 所示，图中 A 为进水管；B 为溢水管；C 为滤板；T 为控制阀；V 为盛水容器。

所用仪器有秒表、温度计、玻璃量筒、小台秤及砝码等。

【实验原理】

液体在孔隙介质中流动时，由于液体具有黏性，在流动过程中要引起能量损失，达西通过大量实验，发现大多数土壤渗透流速与水头损失是线性关系，即

$$v = k \frac{h_w}{s} = kJ$$

以及

$$Q = kAJ$$

式中　Q——渗透流量；

　　　　v——渗透流速；

　　　　k——渗透系数；

　　　　h_w——水头损失；

　　　　s——测孔间距；

　　　　A——圆筒横断面面积。

渗流雷诺数可用下述经验公式求得

$$Re = \frac{v d_e}{v} \frac{1}{0.75n + 0.23}$$

式中　d_e——砂样的平均直径；

　　　　v——渗流模型的断面平均流速；

　　　　v——渗透液体的运动黏性系数；

　　　　n——孔隙率。

【实验步骤与方法】

（1）记录已知数据。包括圆筒直径 D、测孔间距 s、土壤孔隙率 n、砂样平均直径 d_e 等。

（2）打开进水管，将水引入实验筒内，底部控制阀 T 打开，此时要保持溢水管有少量水溢出，这时可以进行第一次实验，测量水头损失 h_w 和渗透流量。

（3）测量液体温度 t。

（4）稍关底部控制阀 T，减小流量，重复以上各实验步骤，进行若干次。

【注意事项】

（1）渗透流量 $Q = 0$ 时，两测压管应保持齐平，否则应进行检查找出原因，并予以排除。

（2）实验流量不能过大，以防砂土浮动。

（3）实验时要始终保持溢水管有水流出，以保证恒定水头。

【思考题】

（1）当渗透圆筒倾斜放置、水平放置或倒置时，所测得的 k 值和 J 值以及平均流速和渗透流量是否一样？

（2）如何通过实验判别达西定律的适用范围？

【实验资料整理】

（1）已知数据。

圆筒直径 $D =$ ＿＿＿＿＿＿＿ cm　　　　测孔间距 $s =$ ＿＿＿＿＿＿＿ cm

砂样平均直径 $d_e =$ ＿＿＿＿＿＿＿ mm　　土壤孔隙率 $n =$ ＿＿＿＿＿＿＿

渗透水温度 $t =$ ＿＿＿＿＿＿＿ ℃　　　　运动黏滞系数 $v =$ ＿＿＿＿＿＿＿

（2）实测数据。两支测压管水头 $\frac{p}{\gamma}$、时间 T、量筒内水的体积 V、渗流的水头损失 h_w、

渗透坡降 J、渗透流速 v、渗透系数 k、渗透流量 Q、雷诺数 Re 等。

【实验报告要求】

（1）实验目的与要求。

（2）实测数据。

（3）计算结果。

（4）绘制 v-J 曲线，并进行分析讨论。

（5）写出心得体会。

实验 7.2　有压（或无压）渗流的水电比拟实验

【实验目的与要求】

（1）加深理解渗流的水电比拟法实验原理。

（2）学会使用与本实验有关的仪器。

（3）初步掌握水电比拟的实验方法。

（4）用实验方法测定平面渗流等势线，并根据等势线绘制流网。

（5）根据所绘制的流网，求渗透流速 v 和渗透流量 Q。

（6）对有压渗流，求作用在底板上的渗流总压力 P。

（7）对无压渗流，例如土坝渗流，求出浸润线。

【实验设备与仪器】

（1）渗流模型盘。

（2）函数信号发生器。

（3）数字毫伏表。

（4）探针。

实验示意图如图 7.7 与图 7.8 所示。

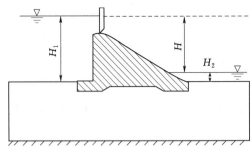

图 7.7　混凝土坝下渗流示意图

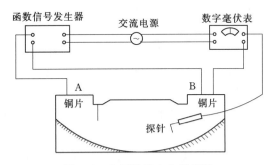

图 7.8　有压渗流水电模拟图

【实验原理】

渗流和电流现象之间存在着数学上的相似性。因这两种流场都可用拉普拉斯方程来描述，所以它们对应的物理量之间可以互相比拟，其具体关系见表 7.1。

从表 7.1 可以看出，如用电流场来模拟渗流场，在模型做成几何形状相似和边界条件相似的情况下，在电场中测量电位分布即可得出渗流场中的水头分布，测量出电流量，即可得出渗透流量等。

表 7.1

电　流　场	渗　流　场
电位：V	测压管水头：H
导电率：σ	渗透系数：k
电流密度：i	渗透流速：v
欧姆定律：$i=-\sigma\dfrac{\mathrm{d}V}{\mathrm{d}L}$	达西定律：$v=-k\dfrac{\mathrm{d}H}{\mathrm{d}L}$
电位在导体中的分布规律：$\dfrac{\partial^2 V}{\partial x^2}+\dfrac{\partial^2 V}{\partial y^2}+\dfrac{\partial^2 V}{\partial z^2}=0$	水头在渗流场中的分布规律：$\dfrac{\partial^2 H}{\partial x^2}+\dfrac{\partial^2 H}{\partial y^2}+\dfrac{\partial^2 H}{\partial z^2}=0$
电流量：I	渗透流量：Q
绝缘边界上的条件：$\dfrac{\partial V}{\partial n}=0$ 其中 n 为边界法线	不透水边界上的条件：$\dfrac{\partial H}{\partial n}=0$ 其中 n 为边界法线

土坝渗流示意图和土坝渗流水电比拟图如图 7.9 和图 7.10 所示。渗流场的各种边界条件可按下述情况模拟：透水边界在渗流中为一等势线，在水电比拟模型中用一电位保持常数的导电极板模拟，极板一般用铜片或银片制作。不透水边界可用绝缘体模拟，土坝的逸出段可用绕丝汇流排模拟。

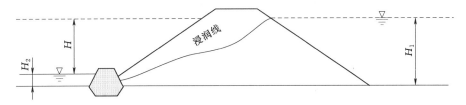

图 7.9　土坝渗流示意图

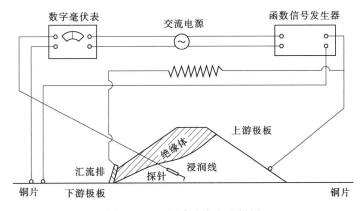

图 7.10　土坝渗流水电比拟图

在模拟均质土壤中的渗流时，导体的导电率必须均匀。当土壤的各层之间渗透系数不同时，也可以用水电比拟法来模拟其渗流场，这时应用不同导电率的导体的组合来模拟，且各导体的导电率应和各层土壤的渗透系数保持同一比例关系。即

$$\frac{\sigma_1}{k_1} = \frac{\sigma_2}{k_2} = \cdots = \frac{\sigma_n}{k_n}$$

渗透流速：

$$v = kJ = k\frac{\Delta H}{\Delta L} = k\frac{H}{n\Delta L}$$

$$\Delta q = \Delta s v = \Delta s k\frac{H}{n\Delta L} = k\frac{H}{n}$$

因流网是正方形的，故 $\Delta s = \Delta L$。

单宽流量

$$q = m\Delta q = kH\frac{m}{n}$$

式中　k——土壤的渗透系数；

J——两等水头线间的渗透坡降，$J = \frac{\Delta H}{\Delta L} = \frac{H}{\Delta Ln}$；

ΔL——两等水头线间的距离；

ΔH——两等水头差值，$\Delta H = \frac{H}{n}$；

H——上下游水头差；

m——流线的间隔数；

n——等势线的间隔数。

作用在底板上渗透总压力的计算：

流场中任一点的总水头为

$$H = z + \frac{p}{\gamma} + \frac{v^2}{2g}$$

因流速水头 $\frac{v^2}{2g}$ 可忽略不计，则

$$H = z + \frac{p}{\gamma}$$

渗透总压力 $\qquad\qquad P = \gamma\Omega B$

式中　γ——液体的容重；

Ω——渗透压强水头分布图的面积；

B——建筑物的底宽。

若由实测电流求流量，则用下面两式：

单宽流量为

$$q = \frac{\rho kHI}{\delta U}$$

总流量为

$$Q = \frac{\lambda\rho kHI}{U}$$

式中　λ——模型比尺；

　　ρ——模型导电液的电阻率；

　　I——通过模型的电流；

　　k——渗透系数；

　　H——上下游水头差；

　　U——模型电压；

　　δ——模型中导电液的厚度。

【实验步骤与方法】

（1）将模型盘不透水的边界线绘制在方格纸上。

（2）将模型盘安置水平后，把电解液注入模型盘中，电解液厚度约 1cm。

（3）按线路图把导线接好。

（4）经指导老师检查无误后，接通函数信号发生器和数字毫伏表的电源。

（5）10min 后，将数字毫伏表量程调节在所需的范围（例如 10V），并检查零点是否准确。

（6）调节函数信号发生器输出微调，使上、下游极板间电压为 10V。

（7）将上、下游极板间电压分为 10 等份（相当于 H 为 10 等份），将探针沿正交流线方向左右移动寻找 $\dfrac{U}{10}$ 位置，记录其坐标，将所有 $\dfrac{U}{10}$ 电压的点连起来，就得到一条等势线。

（8）用同样的方法寻找 $\dfrac{2U}{10}$，$\dfrac{3U}{10}$，…等各条等势线。

（9）根据流网原理，已知等势线可以画出流线。

【注意事项】

（1）本实验所用仪器是比较精密的电学仪器，为了保证仪器安全，课前要认真预习，实验时要严格按操作规程进行。

（2）使用数字毫伏表时，必须注意表的量程。

（3）为便于计算建筑物底面上的渗透压力，宜多测量一些靠近建筑物底面上的电压分布值，对于建筑物底部轮廓线的转折点，一般都要测到。

（4）在测等势线时，在靠近建筑物处测点布置得密一些，如每根等势线测 5～6 点，在上部测 3 点，下部测 2～3 点。

（5）实验过程中注意用电安全。

【思考题】

（1）如果在实验中直接测定流线，应如何模拟边界条件？实验应如何布置？

（2）为什么不直接用 220V 和 50Hz 的交流电源，而要经过音频振荡器？

（3）为什么要将实验盘放置水平？实验盘的大小对实验结果有无影响？

【实验资料整理】

（1）已知数据。已知渗透系数 k，上、下游水头差 H，模型比尺 λ。

（2）实测与计算数据。将所测电压值记在流网图上。用相应公式计算渗流的 v、q、p 等。

【实验报告要求】

（1）实验目的与要求。

（2）实测数据。

（3）画出流网图。

（4）计算结果。

（5）对结果的分析及心得体会等。

第8章 波 浪 运 动

8.1 波浪要素与分类

波浪是在海洋、水库、湖泊等宽阔水面上经常发生的一种水力学现象，波浪运动的特性是水面做周期性的起伏，水质点做周期性的往复运动。对于推进波，波的外形同时以某一速度向前传播，由于波动时，水位和水质点流速都是随时间不断变化的，因此波浪运动是非恒定流的一种。

当研究波浪现象时，首先必须了解波浪的几何特征与运动特征。描述波浪运动性质及其形态的各主要物理量，如波长、波高、波速等，称为波浪要素，如图8.1所示。现将波浪的主要要素定义如下。

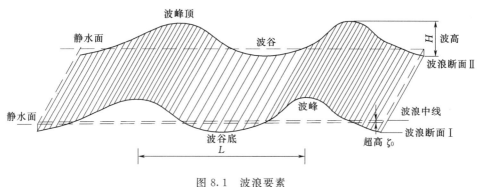

图 8.1 波浪要素

波峰——在静水面以上的波浪部分。

波谷——在静水面以下的波浪部分。

波峰顶——波峰的最高点。

波谷底——波谷的最低点。

波峰线——垂直波浪传播方向上各波峰顶的连线。

波向线——与波峰线正交的线，即波浪传播方向。

波高——相邻波峰顶与波谷底间的垂直距离，通常以 H 表示，单位以 m 计。

波长——两相邻波峰顶（或波谷底）间的水平距离，通常以 L 表示，单位以 m 计。

波陡——波高与波长之比（H/L）。海洋上常见的波陡范围为 $1/10 \sim 1/30$。波陡的倒数称为波坦。

周期——波浪起伏一次所需的时间，或相邻两波峰顶通过空间固定点所经历的时间间隔，或波峰顶或波谷底向前推进一个波长所需要的时间。

圆频率——表示在 T 秒内通过某空间点传播了多少个波（水质点转过的圈数，一圈对应角度为 2π），用 σ 表示，与周期的关系为

$$\sigma = 2\pi / T \tag{8.1}$$

波速——波形沿水平方向移动的速度,常以 m/s 计,以 c 表示,等于波长除以周期,即

$$c = L / T \tag{8.2}$$

波数——表示单位长度内传播了多少个波(水质点转过的圈数,一圈对应角度为 2π),用 k 表示,与波长的关系为

$$k = 2\pi / L \tag{8.3}$$

波浪中线——等分波高的水平线,此线一般在静水面以上,其超出的高度称为超高。一般由于波峰比较尖突,波谷比较平坦,静水面至波峰的距离大于静水面到波谷的距离,因此波浪中线位于静水面之上。

波浪的分类如下:

(1)按水质点所受的主要恢复力可分为重力波、表面张力波、潮汐波等。

(2)按干扰力或发生的原因可分为风成波、地震波、船行波等。

(3)按引起波动的力在波浪形成后是否仍持续作用可分为强迫波、自由波。

(4)按波动时水质点移动的性质可分为振荡波和位移波。振荡波又分为推进波和立波:推进波指质点基本上围绕其静平衡位置沿着封闭的或接近封闭的轨迹运动,比如风成波;立波指原始推进波和反射波叠加后生成的波,也称为驻波。位移波指质点有明显的位移,比如潮汐波、地震波和洪水波等。

(5)按波浪在传播方向上的几何尺寸可分为短波和长波。

(6)按水域底部是否对波浪有影响可分为深水波与浅水波。

(7)按波浪形态及是否随时间改变可分为规则波和不规则波。

(8)按波浪破碎与否可分为未破碎波、破碎波、破后波。

(9)按波幅相对波长的大小以及研究波浪运动的数学力学处理方法,可分为微小振幅波和有限振幅波。

8.2 拉格朗日连续性方程式和运动方程式

拉格朗日方法是通过研究个别液体质点的运动来研究全部液体运动的一种方法。在一般情况下,由于个别液体质点的运动关系难以建立,故很少采用。但是,在波浪运动中,由于液体质点做周期性的振荡运动,故其运动关系较容易用数学函数描述,因此用拉格朗日方法研究波浪运动比较方便。

8.2.1 连续性方程式

对于不可压缩液体的三元运动,根据质量守恒定律得

$$\frac{\partial}{\partial t} \begin{vmatrix} \dfrac{\partial x}{\partial a} & \dfrac{\partial y}{\partial a} & \dfrac{\partial z}{\partial a} \\[2mm] \dfrac{\partial x}{\partial b} & \dfrac{\partial y}{\partial b} & \dfrac{\partial z}{\partial b} \\[2mm] \dfrac{\partial x}{\partial c} & \dfrac{\partial y}{\partial c} & \dfrac{\partial z}{\partial c} \end{vmatrix} = 0 \tag{8.4}$$

对于 xOz 面上的平面运动，则有

$$\frac{\partial}{\partial t}\begin{vmatrix} \dfrac{\partial x}{\partial a} & \dfrac{\partial z}{\partial a} \\ \dfrac{\partial x}{\partial c} & \dfrac{\partial z}{\partial c} \end{vmatrix}=0 \tag{8.5}$$

或

$$\frac{\partial}{\partial t}\left(\frac{\partial x}{\partial a}\frac{\partial z}{\partial c}-\frac{\partial x}{\partial c}\frac{\partial z}{\partial a}\right)=0 \tag{8.6}$$

式中 $\dfrac{\partial x}{\partial a}$，$\dfrac{\partial z}{\partial c}$，……——运动过程中各质点相互间距离的变化率。

8.2.2 运动方程式

对于理想液体的三元运动，根据牛顿第二定律得

$$\left.\begin{aligned} \left(X-\frac{\partial^2 x}{\partial t^2}\right)\frac{\partial x}{\partial a}+\left(Y-\frac{\partial^2 y}{\partial t^2}\right)\frac{\partial y}{\partial a}+\left(Z-\frac{\partial^2 z}{\partial t^2}\right)\frac{\partial z}{\partial a}-\frac{1}{\rho}\frac{\partial p}{\partial a}=0 \\ \left(X-\frac{\partial^2 x}{\partial t^2}\right)\frac{\partial x}{\partial b}+\left(Y-\frac{\partial^2 y}{\partial t^2}\right)\frac{\partial y}{\partial b}+\left(Z-\frac{\partial^2 z}{\partial t^2}\right)\frac{\partial z}{\partial b}-\frac{1}{\rho}\frac{\partial p}{\partial b}=0 \\ \left(X-\frac{\partial^2 x}{\partial t^2}\right)\frac{\partial x}{\partial c}+\left(Y-\frac{\partial^2 y}{\partial t^2}\right)\frac{\partial y}{\partial c}+\left(Z-\frac{\partial^2 z}{\partial t^2}\right)\frac{\partial z}{\partial c}-\frac{1}{\rho}\frac{\partial p}{\partial c}=0 \end{aligned}\right\} \tag{8.7}$$

对于 xOz 面上的平面运动，则用 x_0、z_0 代替 a、c 来表示质点的初始位置，则得

$$\begin{cases} \dfrac{\partial}{\partial x_0}\left(gz-\dfrac{p}{\rho}\right)=\dfrac{\partial^2 x}{\partial t^2}\dfrac{\partial x}{\partial x_0}+\dfrac{\partial^2 z}{\partial t^2}\dfrac{\partial z}{\partial x_0} \\[2mm] \dfrac{\partial}{\partial z_0}\left(gz-\dfrac{p}{\rho}\right)=\dfrac{\partial^2 x}{\partial t^2}\dfrac{\partial x}{\partial z_0}+\dfrac{\partial^2 z}{\partial t^2}\dfrac{\partial z}{\partial z_0} \end{cases} \tag{8.8}$$

8.3 有限振幅推进波

我们研究波形已经稳定的二元自由波的运动情况。因深水推进波和浅水推进波的边界条件不一样，运动情况是有区别的，现分述如下。

8.3.1 深水推进波

1802 年盖司特耐（F. Gerstner）从水质点做近似于圆形封闭曲线运动的情况出发，提出圆余摆线理论，由于解答简洁，且与实际观测比较符合，因此得到广泛的应用。

1. 盖司特耐的圆余摆线理论

从以下 4 个基本假定出发进行分析：

（1）假定水体为理想液体，波动时水体内摩擦阻力可以忽略不计，同时，水深无限大，海底对波浪运动没有影响。

（2）假定波动为二元波，水质点在垂直平面上做匀速圆周运动，如图 8.2 所示，该平面与波浪运动方向相重合。

（3）静止时位于同一水面上的水质点，波动时所形成的曲面称为波动面，同一波动面上的水质点，具有相同的运动圆半径 r，该半径在垂直方向由自水面向下急剧减小。

（4）水质点的轨迹圆圆心，位于水质点静止时的位置之上。做圆周运动时，质点径线与

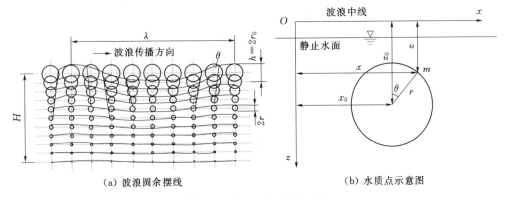

（a）波浪圆余摆线　　　　　　（b）水质点示意图

图 8.2　波浪水质点的运动

向上垂线的交角称为相角 θ，在同一瞬时、同一波动面上，相角顺波浪行进方向随距离增加而成比例地减小，同一瞬时、圆心位于同一垂线上的各个水质点的相角相同。

2. 根据上述假定，经过一系列理论分析，可得如下结果

（1）水质点的运动方程式：

$$\left.\begin{aligned}
x &= x_0 + r\sin(\sigma t - k x_0) = x_0 + r\sin\left(\frac{2\pi}{\tau}t - \frac{2\pi}{\lambda}x_0\right) \\
z &= z_0 - r\cos(\sigma t - k x_0) = z_0 - r\cos\left(\frac{2\pi}{\tau}t - \frac{2\pi}{\lambda}x_0\right)
\end{aligned}\right\} \tag{8.9}$$

在满足拉格朗日连续性方程式条件下，水质点轨迹圆的半径为

$$r = \frac{h}{2}e^{-\frac{2\pi}{\lambda}z_0} \tag{8.10}$$

即水质点轨迹圆的半径在铅垂方向按负指数规律减小（在推进波中，习惯上 x 轴取在波浪中线上，z 轴铅直，且向下为正）。

在满足拉格朗日运动方程式条件下，得

波速为

$$c = \sqrt{\frac{g\lambda}{2\pi}} = 1.25\sqrt{\lambda} \tag{8.11}$$

周期为

$$\tau = \sqrt{\frac{2\pi\lambda}{g}} = 0.8\sqrt{\lambda} \tag{8.12}$$

（2）波动水面形状：

$$\left.\begin{aligned}
x &= -\frac{\lambda}{2\pi}\theta + \frac{h}{2}\sin\theta \\
z &= -\frac{h}{2}\cos\theta
\end{aligned}\right\} \tag{8.13}$$

该方程式表示圆余摆线。

（3）波浪中线超高。

任意水深处：

$$\zeta = \frac{\pi r^2}{\lambda} \tag{8.14}$$

水面处：

$$\zeta_0 = \frac{\pi r_0^2}{\lambda} \tag{8.15}$$

（4）水质点在圆周运动中的速度：

$$u_t = \frac{2\pi r}{\tau} = \frac{h}{2} e^{-kz_0} \sqrt{\frac{2\pi g}{\lambda}} \tag{8.16}$$

（5）波压强：

$$\frac{p}{\gamma} = z_0 - \frac{\pi}{\lambda}(r_0^2 - r^2) = z_0 - \zeta_0 + \zeta = z \tag{8.17}$$

即波动时水质点所受的压强不变，其大小等于该点在静止时所受的压强。因此任一波动面都是等压面。但对于空间任一固定点而言，由于不同时刻它被不同水质点占据，因此该点的压强大小就随时间而改变，当波顶在该点的铅垂线上时该点的压强最大，当波底通过该点时该点的压强最小。其压强分布图如图8.3所示。图中阴影线所示面积为由波浪运动而产生的附加波压力。

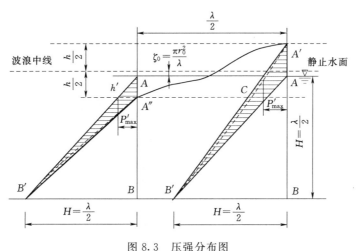

图 8.3 压强分布图

（6）波能、波能流量。一个波长范围内，深度为 z_0 的单位宽度水体所具有的势能和动能相等，其总波能为

$$E = E_p + E_k = \frac{\gamma h^2 \lambda}{8} \times (1 - e^{-kz_0}) \tag{8.18}$$

水质点的往复运动不断地将能量向前传递的现象称为波能传递。单位时间内波能的传递量称为波能流量。当水深无限时，单位宽度内的波能流量为

$$\Phi = \frac{1}{2} E_c = \frac{\gamma h^2 \lambda c}{16} \tag{8.19}$$

8.3.2 浅水推进波

对于浅水推进波，鲍辛尼斯克（J. Boussinesq）提出了椭圆余摆线理论。

椭圆余摆线理论的假定和圆余摆线理论的假定相似。其不同点是：水质点做椭圆运动，

如图 8.4 所示，水平轴为长轴，铅垂轴为短轴；椭圆大小在水平方向相同，沿铅垂线方向向下逐渐扁平；水质点在椭圆轨迹上做等角速度运动。

主要结果如下：

（1）水质点的运动方程式：

$$\left. \begin{aligned} x &= x_0 + a\sin\theta = x_0 + a\sin(\sigma t - kx_0) \\ z &= z_0 - b\cos\theta = z_0 - b\cos(\sigma t - kx_0) \end{aligned} \right\} \tag{8.20}$$

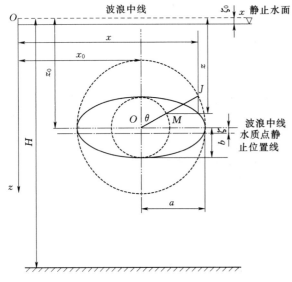

图 8.4　水质点做椭圆运动

椭圆的长、短半轴公式为

$$\left. \begin{aligned} a &= \frac{h}{2}\frac{\mathrm{ch}k(H-z_0)}{\mathrm{sh}kH} \\ b &= \frac{h}{2}\frac{\mathrm{sh}k(H-z_0)}{\mathrm{sh}kH} \end{aligned} \right\} \tag{8.21}$$

在满足拉格朗日运动方程式条件下，得

波速为

$$c = \sqrt{\frac{g\lambda}{2\pi}\mathrm{th}kH} \tag{8.22}$$

周期为

$$\tau = \sqrt{\frac{2\pi\lambda}{g}\mathrm{coth}kH} \tag{8.23}$$

（2）波动水面形状：

$$\left. \begin{aligned} x &= -\frac{\lambda}{2\pi}\theta + a_0\sin\theta \\ z &= -b_0\cos\theta = -\frac{h}{2}\cos\theta \end{aligned} \right\} \tag{8.24}$$

（3）波浪中线超高：

$$\zeta = \frac{\pi a b}{\lambda} \tag{8.25}$$

水面处中线超高为

$$\zeta_0 = \frac{\pi a_0 b_0}{\lambda} = \frac{\pi h^2}{4\lambda}\mathrm{coth}kH \tag{8.26}$$

（4）水质点的运动速度。

水平分速为

$$u_x = \sigma a\cos\theta \tag{8.27}$$

垂直分速为

$$u_z = \sigma b\sin\theta \tag{8.28}$$

波峰、波谷的垂线上的最大水平分速为

$$u_{x\max} = \pm \frac{h}{2} \frac{\operatorname{ch}k(H-z_0)}{\operatorname{sh}kH} \sqrt{\frac{2\pi g}{\lambda} \operatorname{th}kH} \qquad (8.29)$$

（5）波压强。沿波峰和波谷面的垂线上的压力分布近似为

$$\frac{p}{\gamma} = H \pm \frac{h}{2\operatorname{ch}kH} = H \pm f \qquad (8.30)$$

其波压强分布如图 8.5 所示。

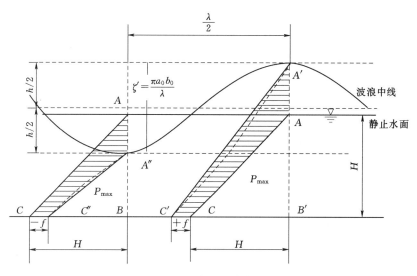

图 8.5　波压强分布图

（6）波能、波能流量。在一个波长和整个水深范围内，单位宽度水体所具有的总波能为

$$E = E_{\mathrm{p}} + E_{\mathrm{k}} = \frac{\gamma h^2 \lambda}{8} \qquad (8.31)$$

单位宽度内的波能流量为

$$\Phi = \frac{1}{2} Ec \left(1 + \frac{2kH}{\operatorname{sh}2kH}\right) \qquad (8.32)$$

8.4　有限振幅立波

有限振幅推进波和反射波互相叠加形成有限振幅立波。但是，两个波系应该有相同的波高、波长和周期。叠加后立波的最大振幅为原来推进波的两倍，而波长和周期不变。

有限振幅立波的水质点运动轨迹不再是封闭曲线，而是抛物线，抛物线的主轴垂直，线形弯曲向上。每个水质点只是在抛物线的一段距离上往复摆动，如图 8.6 所示。

8.4.1　深水立波

深水立波理论是鲍辛尼斯克建立的。

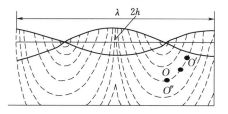

图 8.6　有限振幅立波

（1）水质点的运动方程式：

$$\left.\begin{aligned} x &= x_0 + 2r\sin\sigma t\cos kx_0 \\ z &= z_0 - 2r\sin\sigma t\sin kx_0 - 2kr^2\sin^2\sigma t \end{aligned}\right\}$$ (8.33)

（2）波动水面形状：

$$\left.\begin{aligned} x &= x_0' + r'\sin\theta' \\ z &= z_0' - r'\cos\theta' \end{aligned}\right\}$$ (8.34)

其中，$\theta' = \dfrac{\pi}{2} - kx_0$，$r' = 2r\sin\sigma t$，$x_0' = x_0$，$z_0' = z_0 - 2kr^2\sin^2\sigma t$；而 $r = r_0\mathrm{e}^{-kz_0}$，$\sigma^2 = kg$，$\tau = \dfrac{2\pi}{\sigma}$，$\lambda = \dfrac{2\pi}{k}$；$x_0$、$z_0$ 是水质点静止时的位置坐标。

深水立波的波形也是圆余摆线。

（3）波浪中线超高。瞬时波浪中线超高为

$$\zeta_0' = -\frac{\pi r_0'^2}{\lambda} = 4\,\frac{\pi r_0^2}{\lambda}\sin^2\sigma t$$ (8.35)

最大超高为原推进波超高的 4 倍，即

$$\zeta_{0\max}' = \frac{4\pi r_0^2}{\lambda} = \frac{\pi h^2}{\lambda}$$ (8.36)

（4）水质点运动轨迹的方程式。

从式（8.34）中消去 t 得

$$z = z_0 - (x - x_0)\tan kx_0 - \frac{k(x-x_0)^2}{2\cos^2 kx_0}$$ (8.37)

可见深水立波水质点的运动轨迹是一段抛物线。

（5）波压强。当直立墙前波峰和波谷为最大时，水质点的波压强为

$$\frac{p}{\gamma} = z_0 \mp \frac{4\pi}{\lambda}(r_0^2 - r^2)$$ (8.38)

即深水立波的附加波压强是深水推进波附加波压强的 4 倍。波压强分布图如图 8.7 所示。

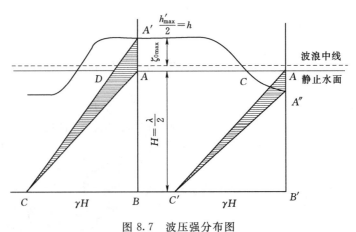

图 8.7　波压强分布图

当直立墙前出现最大波峰和波谷时，直立墙面上的附加正总波压力和附加负总波压力分

别为

$$R_e = \frac{1}{2}\gamma H \left(\frac{h'_{max}}{2} + \zeta'_{0max} \right) = \frac{1}{4}\gamma h (\lambda + \pi h) \tag{8.39}$$

$$R_i = \frac{1}{2}\gamma H \left(\frac{h'_{max}}{2} - \zeta'_{0max} \right) = \frac{1}{4}\gamma h (\lambda - \pi h) \tag{8.40}$$

8.4.2 浅水立波

浅水立波的波浪理论是圣福鲁（G. Sainflou）建立的。

（1）水质点的运动方程式：

$$\left. \begin{array}{l} x = x_0 + 2a\sin\sigma t \cos kx_0 \\ z = z_0 - 2b\sin\sigma t \sin kx_0 - 2kab\sin^2\sigma t \end{array} \right\} \tag{8.41}$$

$$\sigma^2 = kg\,\mathrm{th}kH$$

式中 a、b——原浅水推进波水质点运动轨迹椭圆的长半轴和短半轴；

x_0、z_0——水质点静止时的位置坐标。

（2）波动水面形状：

$$\left. \begin{array}{l} x = x'_0 + a'\sin\theta' \\ z = z'_0 - b'\cos\theta' \end{array} \right\} \tag{8.42}$$

其中，$\theta' = \dfrac{\pi}{2} - kx_0$；$a' = 2a\sin\sigma t$；$b' = 2b\sin\sigma t$；$x'_0 = x_0$；$z'_0 = z_0 - 2kab\sin^2\sigma t$。

式（8.42）表明浅水立波波形曲线也是椭圆余摆线。

（3）波浪中线超高。瞬时波浪中线超高为

$$\zeta'_0 = \frac{4\pi a_0 b_0}{\lambda}\sin^2\sigma t \tag{8.43}$$

最大超高为

$$\zeta'_{0max} = \frac{4\pi a_0 b_0}{\lambda} = \frac{\pi h^2}{\lambda}\coth kH \tag{8.44}$$

（4）水质点运动轨迹的方程式：

$$z = z_0 - \frac{b}{a}(x - x_0)\tan kx_0 - \frac{kb}{2a\cos^2 kx_0}(x - x_0)^2 \tag{8.45}$$

式（8.45）表示主轴垂直，凸出部分向下的抛物线方程式。

（5）波压强。当直立墙前出现最大波峰和波谷时：

$$\frac{p}{\gamma} = z_0 \pm h \left[\frac{\mathrm{ch}k(H - z_0)}{\mathrm{ch}kH} - \frac{\mathrm{sh}k(H - z_0)}{\mathrm{sh}kH} \right] \tag{8.46}$$

在水底 $z_0 = H$ 处：

$$\frac{p}{\gamma} = H \pm \frac{h}{\mathrm{ch}kH} = H \pm h_H \tag{8.47}$$

当波压强近似地视为直线分布，直立墙前出现最大波峰和波谷时，墙面上附加的正总波压力和附加的负总波压力分别为

$$R_e = \frac{1}{2}\gamma(H + h + \zeta'_{0max})(H + h_H) - \frac{1}{2}\gamma H^2 \tag{8.48}$$

$$R_i = \frac{1}{2}\gamma H^2 - \frac{1}{2}\gamma(H - h + \zeta'_{0max})(H - h_H) \tag{8.49}$$

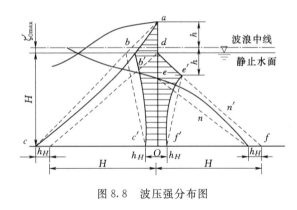

图 8.8 波压强分布图

波压强分布图如图 8.8 所示。

（6）临界水深。当水深小于临界水深时，无论是浅水推进波还是浅水立波都将破碎。其临界水深为

$$H_{kp} = \frac{\lambda}{4\pi} \ln\left(\frac{\lambda + \pi h}{\lambda - \pi h}\right) \qquad (8.50)$$

经验公式为

$$H_{kp} = (0.75 \sim 2.5)h \qquad (8.51)$$

以上各式中的 h 均为原推进波的波高。

实验 8.1 波浪要素测定实验

【实验目的和要求】

（1）观察实验槽中各种波浪现象，加深对波浪运动的感性认识。

（2）验证浅水推进波的椭圆余摆线理论和立波理论。

（3）掌握测量波浪要素的实验方法。

（4）观察推进波、立波的波动现象以及水质点的运动轨迹，并绘图描述。

（5）测定浅水推进波和立波的波浪要素：波高、波长、周期、波速、超高等。

（6）根据实验测定的波长、波高，用理论公式计算周期、波速和超高，并和实测值进行比较。

【实验设备与仪器】

如图 8.9 所示为实验用的波浪水槽，水槽的一端安有造波机，另一端装有消波设施。

所用仪器有秒表、测针、波高仪、计算机、示踪球等。

【实验原理】

（1）波浪要素的计算公式。波长、周期、波速之间的关系为

$$\tau = \frac{\lambda}{c}$$

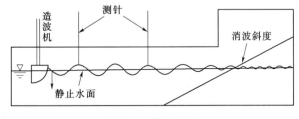

图 8.9 波浪水槽

本实验研究的波浪为浅水推进波和浅水立波（水深小于波长的一半即 $H < \frac{1}{2}\lambda$ 的波称为浅水波）。

（2）浅水推进波。根据鲍辛尼斯克的椭圆余摆线理论，水质点做封闭的椭圆运动，椭圆的水平轴是长轴，垂直轴是短轴。椭圆的大小在同一水平线上是相同的。而垂直方向，则向下逐渐扁平，水质点在椭圆轨道上做变速运动，其相角速度为匀速运动。

周期为

$$\tau = \sqrt{\frac{2\pi\lambda}{g}}\sqrt{\coth kH}$$

其中，$k = \dfrac{2\pi}{\lambda}$，$H$ 为水深。

波速为

$$c = \sqrt{\frac{g\lambda}{2\pi}} \sqrt{\mathrm{th}kH}$$

超高为

$$\zeta_0 = \frac{\pi h^2}{4\lambda} \coth kH$$

（3）浅水立波。当浅水推进波受到直立墙壁的阻挡以后，产生大小相等、方向相反的反射波。原始推进波与反射波叠加形成立波。

立波的特点如下：

1）波形不再向前传播，而是做上、下波动，离直立墙 $\dfrac{1}{4}\lambda$、$\dfrac{3}{4}\lambda$、$\dfrac{5}{4}\lambda$、…处，水质点几乎没有升降，这些点称为波节。直墙面和离直墙 $\dfrac{1}{2}\lambda$、λ、$\dfrac{3}{2}\lambda$、…处，交替出现波顶和波底，这些点称为波腹。

2）波长 λ 与原始推进波波长相等。

3）周期 τ 与原始推进波周期相等。

4）波高 h 为原始推进波波高的 2 倍。

5）超高 ζ_0 为原始推进波超高的 4 倍

6）水质点运动轨迹为抛物线。

【实验步骤与方法】

（1）记录有关常数：槽宽、水深、静止水面标高等。

（2）开动造波机，使波浪槽中产生推进波，观察推进波的波动现象，并在水中放入若干示踪球，借以观察水质点运动轨迹，并画图描述。

波浪要素的测定包括目测法和电测法。

1. 目测法

（1）波长的测定方法。固定一测针（或固定一点），移动另一测针，使两测针相隔一定距离，由两个人同时观察各自的测针，当波峰经过测针尖时就拍掌。若掌声不重合，则略微移动测针，增加（或减小）两测针的距离，待波峰经过测针尖时重新拍掌，若掌声重合，表示波峰同时经过两测针，测得两测针之间的距离为 L，则波长为

$$\lambda = \frac{L}{n+1}$$

式中　n——两测针之间的波峰数（不包括测针所指的波峰）。

（2）波高的测定方法。将测针抬高使针尖触及波峰，读测针读数，然后降低测针，使针尖触及波谷，读测针读数，两次读数之差就是波高。

（3）周期的测定方法。将测针固定于某处，记下通过 10 个波峰的时间 T，则周期为

$$\tau = \frac{T}{10}$$

（4）波速的求法。将测得的波长 λ 和周期 τ 代入下式即可求得

$$c = \frac{\lambda}{\tau}$$

（5）水面波浪中线超高的测定方法。设波峰测针读数为 ∇_1；静止水面测针读数为 ∇_0，则超高 ζ_0 可由下式求得

$$\zeta_0 = \nabla_1 - \nabla_0 - \frac{h}{2}$$

2. 电测法

电测法是用电阻式水位传感器测量波浪要素，即把水位变化转换为电学量，通过电路用示波仪记下示波图，然后分析示波图上的有关资料，得出波浪要素值。

实验开始，需先对水位传感器进行率定，求出水位变化与光标移动距离之间的关系。

记录下示波纸的行走速度，示波纸上时标的大小等。

调节造波机配电盘上可变电阻器，改变波浪周期，重复进行上述步骤。

为了进行立波实验，可在波浪槽末端放入直立墙，然后开动造波机，使水槽中产生立波，观察立波的运动现象，投入示踪球，观察水质点的运动轨迹，并画图描述，测量波长、波高、周期、超高等立波要素。

【注意事项】

（1）水位传感器在实验后，仍需再率定一次，检查与实验前率定的线形是否一致。

（2）运用电测法进行实验时，要认真仔细，对电测仪器要在指导老师许可下进行操作，不要乱动。

（3）测量波高和超高的有关数值，要在同一断面进行。

【思考题】

（1）若要改变波高、波长，如何调节造波机？如要改变波的传播速度，又如何调节造波机？

（2）推进波和立波的水质点运动轨迹有何不同？为什么？

（3）目测法与电测法各自的优缺点是什么？

【实验资料整理】

（1）已知数据。

实验槽宽 $B = $ _____ cm　　　　水深 $H = $ _____ cm

静止水面标高 $\nabla_c = $ _____ cm

（2）实测数据见表 8.1。

（3）计算数据见表 8.2。

【实验报告要求】

（1）实验目的与要求。

（2）分别对推进波和立波的运动形态进行绘图描述。

（3）实测数据（以表格表示）。

（4）计算结果：将计算的波速 C，周期 T，水面超高 ζ_0 等，分别对浅水推进波、立波按实验次数进行计算并列表表示。

（5）对实测的波浪要素值与计算所得的值进行分析讨论。

表 8.1   **波浪要素测定实验数据表**

波的类型	实验次数		波长的测量		波高的测量		周期的测量	
			坡顶间距离 L/cm	波顶数 n	波顶标高 ∇_1/cm	波底标高 ∇_2/cm	波顶数 n	时间 t/s
浅水推进波	1	1						
		2						
		平均						
	2	1						
		2						
		平均						
	3	1						
		2						
		平均						
立波	1	1						
		2						
		平均						

表 8.2   **波浪要素测定实验计算表**

波的类型	实验次数	波长 λ /cm	波高 H /cm	周期 T /s		波速 C /(cm/s)		水面超高 h_0 /cm	
		实测	实测	实测	计算	实测	计算	实测	计算
浅水推进波	1								
	2								
	3								
立波	1								

（6）按示波图对波浪要素进行分析计算。

（7）写出心得体会。

第9章 水　泵

9.1　水　泵　的　作　用

在给排水和其他工程中常常会遇到泵的问题。安置在管路系统的泵可把它从动力装置（电动机）获得的能量转换成流体的能量。举例来说，离心式水泵的抽水过程是通过水泵转轮的转动作用，在水泵入口端形成真空，使水流在池面大气压力作用下有可能沿吸水管上升。水流经过水泵时，从水泵的叶轮获得了外加的机械能，从而在水泵的出口处压力增加，把水送到一定的高度。

9.2　水泵的性能及性能曲线

一般人在谈到水泵的时候，喜欢用"几寸口径水泵"或"几马力水泵"，这种说法是很不全面的。因为从水泵的口径上只能大概知道它的流量是多少，却无法知道它的扬程是多少。而同一口径的水泵，它的扬程可以由几米到几百米，至于仅仅提到的马力那就无法知道流量和扬程是多少，而且同一台水泵如果转速变了，它的性能也会改变。因此，要知道一个水泵的规格和性能，除了口径以外，还必须知道它的流量、扬程、功率、效率、转速和吸上高度。要全面地了解一台水泵的性能，还应知道它的性能曲线。

9.2.1　水泵性能

1. 流量

流量有的称为出水量或排水量，用字母 Q 代表，是指水泵在每秒或每小时内排出的水的体积，单位为 m^3/s、m^3/h 等。

2. 扬程

水泵对单位重量的液体提供的总能量就是水泵的扬程，或者水泵的总水头，用 H 表示，单位：米水柱（就是水柱高）。如图 9.1 所示，水泵所做的功包括两部分：一是将水体提高一个几何高度 z，二是克服水流在吸水管及压水管中沿程及局部损失 h_w。

扬程的计算：如图 9.1 所示，以蓄水池水面为基准面，由 0—0 与 3—3 的能量方程可得

$$H = z + h_{w0-3} （米水柱） \qquad (9.1)$$

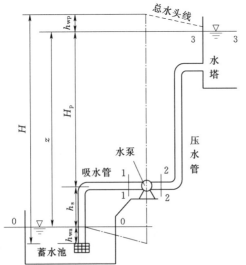

图 9.1　水泵扬程

$$h_{w0-3} = h_{w0-1} + h_{w2-3}$$

（进水管与出水管管径相同）

3. 功率与效率

水泵在单位时间内实际做的功称为有效功率，由式（9.2）计算：

$$N_n = \gamma Q H(\text{kgf} \cdot \text{m/s}) = 9.8QH(\text{kW}) \qquad (9.2)$$

式中　γ——液体容重，kgf/m^3；

　　Q——流量，m^3/s；

　　H——扬程，m。

水泵的轴功率是从发动机传到水泵轴上的功率，是已经除去了传动部分的损失所净剩下来的功率，也就是水泵轴从发动机得到的实际功率，用 N 表示，单位为 kW。

水泵的效率用 η 表示，由式（9.3）计算：

$$\eta = \frac{N_n}{N} \times 100\% \qquad (9.3)$$

4. 转速

水泵的转速是指水泵轴在 1min 内的转数，以 n 表示，单位是 r/min。

如果把一台水泵的转速改变了，那么它的流量、扬程和功率都随之改变。假设在转速为 n 时流量为 Q，扬程为 H，轴功率为 N，而当转速为 n_1 时流量为 Q_1，扬程变为 H_1，功率变为 N_1，它们之间的关系是：

$$\frac{Q}{Q_1} = \frac{n}{n_1} \qquad (9.4)$$

$$\frac{H}{H_1} = \frac{n^2}{n_1^2} \qquad (9.5)$$

$$\frac{N}{N_1} = \frac{n^3}{n_1^3} \qquad (9.6)$$

按照这 3 个公式就可求出一台水泵在各种不同转速时的性能。

5. 吸上高度和气蚀现象

吸上高度（也叫吸上扬程），是叶片泵的一个很重要的技术指标。使用水泵的部门是根据水泵的吸上高度来确定水泵的安装位置的。如果吸上高度达不到规定的要求，那么水泵安装以后就会吸不上水，或是发生气蚀现象。吸不上水就必须降低泵轴标高，这将导致建筑费用大量增加；发生气蚀就会逐渐把水泵破坏以致最后不能工作。

吸上高度有地形吸上高度与真空吸上高度之分。如图 9.2 所示，地形吸上高度由 h_s 表示，其计算公式

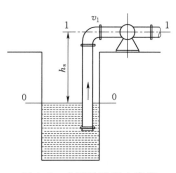

图 9.2　水泵地形吸上高度

如下:

$$h_s = \frac{p_a - p_1}{\gamma} - h_{w0-1} - \frac{v_1^2}{2g}(\text{m}) \tag{9.7}$$

式中 p_a——大气压强;

   p_1——叶轮进口处的绝对压强;

   h_{w0-1}——吸水管路中的损失;

   v_1——水泵吸水管中的平均流速;

$\frac{p_a - p_1}{\gamma}$——图中断面 1—1 处的真空值,称为真空高度,通常以 H_s 表示。

这样由式(9.7)可得

$$H_s = h_s + h_{w0-1} + \frac{v_1^2}{2g}(\text{m}) \tag{9.8}$$

由式(9.7)可见,如果一台水泵所能达到的真空高度 H_s 越高,那么地形吸上高度 h_s 就可以高一些,也就是说,水泵可以装得离吸水面高一些。

在试验水泵时可以试验出水泵所能达到的最大 H_s 值,用户可根据式(9.7)算出地形吸上高度。

由式(9.8)也可以看出,在水泵运转时,所达到的真空高度等于 h_s、h_{w0-1} 和 $\frac{v_1^2}{2g}$ 之和,假如三者之和超过了 H_s 的最大许可值,就会发生气蚀现象。

9.2.2 泵的性能曲线

一般谈到某一水泵的流量、扬程和功率时大都指水泵最高效率点上的性能。但这还不足以完全表示它的工作性能。实际上,叶片泵在使用过程中,如果管路阻力变更了,它的流量和功率也随之变化,这种变化关系,用曲线表示出来,就称为性能曲线。

从性能曲线上可以看出水泵的工作规律,有了它就可以适当控制水泵的运转,而且也便于用户根据系统特征曲线选择最合适的水泵。如图 9.3 所示,可把工作点选在泵的最高效率点,不致因选择不当而造成浪费。

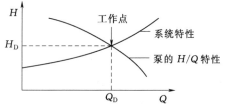

图 9.3 水泵工作点的选择

在固定的转速下,水泵的性能曲线可用以下 3 种形式表示:

(1)总水头与流量 H-Q。

(2)输入功率与流量 N-Q。

(3)效率与流量 $\eta(\%)$-Q。

同一台水泵,如果它的转速改变了,它的性能也按照一定的规律变化,通常用等效率曲线(或叫通用性能曲线)表示,如图 9.4 所示。

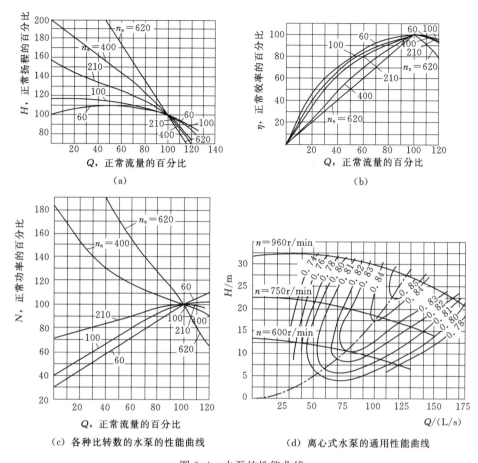

图 9.4　水泵的性能曲线

实验 9.1　离心泵性能实验

【实验目的与要求】

（1）水泵的启动、停泵的训练。

（2）测定离心式水泵的 $H-Q$、$N-Q$、$\eta-Q$ 3 条性能曲线。

【实验设备与仪器】

实验装置如图 9.5 所示。

【实验原理】

1. 扬程的测量及计算

在泵的进口处安装真空表，于出口处安装压力表，则离心泵的扬程可用式（9.9）计算：

$$H=\frac{10}{\gamma}(p_2-p_1)+\frac{1}{2g}(v_2^2-v_1^2)+\Delta z=h_2+h_1+\Delta z（米水柱） \tag{9.9}$$

式中　p_2——压力表读数，Pa；

　　　p_1——真空表读数，Pa；

　　　v_2——压水管流速，m/s；

149

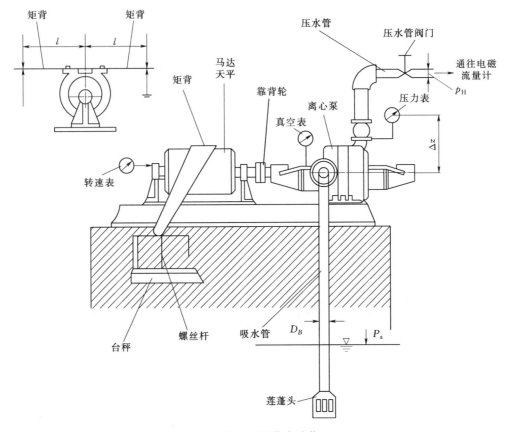

图 9.5　离心泵性能实验装置

v_1——吸水管流速，m/s；

Δz——两表的高差，$\Delta z = z_2 - z_1$；

z_2——压力表中心的标高，m；

z_1——真空表与吸水管相接处的测压孔处标高，m。

2. 水泵轴功率的测定及效率的计算

水泵的轴功率可用天平式电动机来测定，在量得天平式电动机的转速 n，测功力臂长度 L 及测功重量 G 之后，可由式（9.10）计算水泵的轴功率：

$$N = \frac{2\pi nGL}{60} \, (\text{kgf} \cdot \text{m/s}) \qquad (9.10)$$

由式（9.3）知效率：

$$\eta = \frac{\gamma QH}{N} \times 100\%$$

式中　Q——流量，m^3/s，由电磁流量计测得。

【实验步骤与方法】

（1）记录有关已知数据，如天平电动机的臂长、压力表中心及真空表接点的标高、吸水管与压水管的管径等。

（2）检查水泵各部情况是否正常。关闭通向压力表、真空表的小阀及台秤的保险器。

（3）向水泵充水，直至放气管中水满溢出不含气泡为止，在实验过程中还要经常检查系统中是否有气泡。

（4）启动电动机，然后渐渐开启压水管阀门。此时压水管应出水，如不出水（或开启通向压力表的小阀，如表上读数不正常），应关电动机，检查各部，并重新充水。

（5）开大压水管阀门，稳定之后，测定流量，记录真空表、压力表读数、电动机转速、天平砝码 G 值。

（6）关小压水管阀门（应从大到零分成 8 次测定流量，每次均匀减小），待水流稳定后，重复步骤（5）。

（7）逐渐关小压水管阀门至 $Q=0$，记录各项数值，此时动作宜迅速，因闭阀运转过久，易使水泵损坏。最后关闭电机。

【注意事项】

（1）禁止用湿手操作电器。

（2）启动水泵前，关好压力表、真空表小阀。运转稳定后，再开启上述开关。

（3）水泵开启后再打开压水管阀门，但完全关闭压水管阀门时，水泵转动时间不得超过 2min，否则水泵将因其内部水温过高而损坏。

（4）在运转中如发生功率突然加大，或发出较大杂音，或温度升得过高等不正常现象时，应停车检查。

（5）停车应先关闭压水管阀门再拉开电开关，以防止水击打坏叶轮。

【思考题】

（1）本实验中，压力表和真空表的读数是压水管和吸水管端的实际动水压力吗？为什么用它可计算全扬程 H？

（2）水泵开启后不出水，怎样消除？

【实验资料整理】

（1）已知数据。

设备号_____　　力臂 $L=$_____ m，$\Delta z=$_____ m

$d_1=$_____ m，$d_2=$_____ m

（2）实测数据见表 9.1。

表 9.1　　　　　　　　　　　　离心泵性能实验实测数据表

测次	流量 Q	扬程 H					轴功率			有效功率 γQH /kW	效率 η /%
		真空表		压力表		$\dfrac{v_2^2-v_1^2}{2g}$ /m	扬程 H /m	台称读数 G /kgf	转速 n /(r/min)	轴功率 /kW		
	流量 /(m³/s)	p_1 /(kgf/cm²)	h_1 /(米水柱)	p_2 /(kgf/cm²)	h_2 /(米水柱)							
1												
2												
⋮												

【实验报告要求】

（1）实验目的与要求。

（2）观测数据。

（3）计算数据（应包括计算举例）。

（4）绘制 H-Q、N-Q、η-Q 3 条曲线（图 9.6）。

（5）写出心得体会。

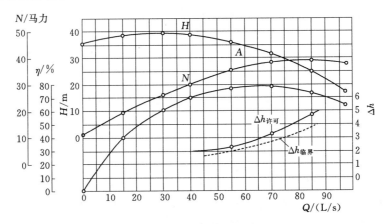

图 9.6　离心式水泵的性能曲线

第 10 章　相似原理及水工模型设计方法

10.1　引　言

在实际工程中，水流现象是非常复杂的。在许多情况下，难以建立适当的方程组来描述液体的流动现象。我们在水力学中曾阐述了液流运动的基本方程，求解这些方程是解答水力学问题的一个基本途径。虽然有时原始方程组正确可靠，但因过分复杂，求解这些方程在数学上常常会遇到难以克服的困难。鉴于上述情况，不得不采用其他途径和试验方法来解答水力学问题。试验研究通常是在比原型小的模型上进行的。这就提出了这样的问题：如何合理、正确地组织、简化试验及整理成果；怎样设计模型才能使原型和模型的液体流动相似；对复杂问题怎样来寻求物理量之间的关系；在模型试验中观测到的液体流态和运动要素，如何推演到原型中去，这就是本章所要回答的问题。

10.2　水 力 模 型 试 验

1. 定义

模型试验就是在模型上对研究对象进行模拟研究。

2. 模型试验的分类

（1）物理模型试验——假如模型及其模拟对象（原型）具有同样的物理特性，则这种模拟试验称为物理模型试验。例如，用同样液体的渗流模型来模拟原型的渗流就是物理模型试验。

（2）模拟模型试验——如果模型与原型都可以用同一数学方程组来描述，而采用与原型具有不同物理特性的模型对现象进行试验研究，我们把这种模型试验称为模拟模型试验。例如，用流过导体的电流来代替原型的渗流就是一例，这两种不同物理特征的现象都可以用同一数学方程——拉普拉斯方程来描述。

（3）数学模型——当描述液体流动的方程足够正确可靠，但其求解却非常繁琐时，可采用数值计算技术，尤其是采用计算机模拟，这种模拟关系通常称为数学模型模拟。

我们在这里主要介绍物理模型试验。如前所述，模型试验的最终目的是将测得的试验数据换算成原型条件下的数据。那么怎样才能保证换算的原型数据是可信赖的呢？这就是下面介绍的相似原理所要回答的问题。

10.3　流 动 相 似 的 意 义 及 特 征

10.3.1　流动相似的意义

水力学中所说的相似是指具有这种性质的力学系统，即所有表征某一系统运动的要素，可用另外系统相应的要素简单地乘以常数而得到，也就是说如果两个流动的相应点所有表征流动状况的相应物理量都维持各自的固定比例关系，则这两个流动是相似的。表征流体运动状况的物理量可根据其性质分以下几种要素：

（1）几何要素，指液流的边界几何形状及尺寸。

（2）运动要素，指液流的运动速度、加速度、运动时间。

（3）动力要素，指作用于液流上的重力、阻力、压力等。因此，两个流动相似必须满足几何相似、运动相似和动力相似。

10.3.2　相似的特征

1. 几何相似

几何相似是指原型和模型两个流动的几何形状相似。要求两个流动中所有相应长度都维持一定的比例关系且相应夹角相等，即

$$\lambda_L = \frac{L_p}{L_m} \tag{10.1}$$

式中　L_p——原型某一部位的长度；

　　　L_m——模型相应部位的长度；

　　　λ_L——长度比尺。

注以脚标"p"的为原型中的物理量，注以脚标"m"的为模型中的物理量。

几何相似的结果必然使任何两个相应的面积 A 和体积 V 也都维持一定的比例关系，即

$$\lambda_A = \frac{A_p}{A_m} = \lambda_L^2 \tag{10.2}$$

$$\lambda_V = \frac{V_p}{V_m} = \lambda_L^3 \tag{10.3}$$

可以看出，几何相似是通过长度比尺 λ_L 来表达的。只要任何一对相应长度都维持固定的比尺关系 λ_L，就保证了两个流动的几何相似。

2. 运动相似

运动相似是指质点的运动情况相似，即在相应瞬时段里所做的相应的位移相似。故运动状态的相似要求流速相似和加速度相似，或者两个流动的速度场和加速度场相似。换句话说模型液流与原型液流中任何对应质点的迹线是几何相似的，而且任何对应质点流过相应线段所需要的时间又是具有同一比例的。

$$\lambda_t = \frac{t_p}{t_m} \tag{10.4}$$

如以 u_p 代表原型流动某点的流速，u_m 代表模型流动相应点的流速，则运动相似要求 $\frac{u_p}{u_m}$ 维持一固定比例，即

$$\lambda_u = \frac{u_p}{u_m} \tag{10.5}$$

式中　λ_u——流速比尺。

若流速用平均流速 v 表示，则流速比尺为

$$\lambda_v = \frac{v_p}{v_m} = \frac{L_p/t_p}{L_m/t_m} = \frac{L_p/L_m}{t_p/t_m} = \frac{\lambda_L}{\lambda_t} \tag{10.6}$$

式中　λ_t——时间比尺。

所以运动状态相似要求有固定的长度比尺和固定的时间比尺。

流动相似也就是意味着各相应点的加速度相似，因此加速度比尺也取决于长度比尺和时间比尺，即

$$\lambda_a = \frac{a_p}{a_m} = \left(\frac{\mathrm{d}v}{\mathrm{d}t}\right)_p \bigg/ \left(\frac{\mathrm{d}v}{\mathrm{d}t}\right)_m = \frac{\mathrm{d}v_p}{\mathrm{d}v_m}\bigg/\frac{\mathrm{d}t_p}{\mathrm{d}t_m} = \lambda_v/\lambda_t = \lambda_L/\lambda_t^2 \tag{10.7}$$

式中　λ_a——加速度比尺。

3. 动力相似

动力相似是指作用于液流相应点各种作用力均维持一定的比例关系。如 F_p 代表原型流动中某点的作用力，以 F_m 代表模型流动中相应点的同样性质的作用力，则动力相似要求 $\dfrac{F_p}{F_m}$ 为一常数，即

$$\lambda_F = \frac{F_p}{F_m} \tag{10.8}$$

式中　λ_F——动力比尺。

换句话说，原型与模型液流中任何对应点上作用着同名力，各同名力互相平行且具有同一比值则称该两液流为动力相似。

　　即　　　　　　$\lambda_{重力} = \lambda_{黏滞力} = \lambda_{表面张力} = \lambda_{弹性力} = \lambda_{压力} = \lambda_{惯性力} = \dfrac{m_p a_p}{m_m a_m}$

上述 1~3 这 3 种相似是原型与模型保持完全相似的重要特征与属性，这 3 种相似是相互联系和互为条件的。几何相似也可以理解为运动相似和动力相似的前提与依据。而动力相似是决定两个水流运动相似的主导因素，运动相似则可认为是几何相似和动力相似的现象。总之，3 个相似是一个彼此密切相关的整体，三者缺一不可。

对上述作用力，需做一些说明。作用力可以从不同的角度进行分类，但最根本的是从流体的物理性质进行分类，如万有引力特性所产生的重力，液体的黏滞性所产生的黏滞力，压缩性所产生的弹性力以及液体力求其自由表面最小的性质引起的表面张力等。上述作用力都是企图改变流动状态的力。另外，还有液体的惯性所引起的惯性力。惯性力是企图维持液体原有运动状态的力。液体运动的变化和发展就是惯性力和其他各种物理力相互作用的结果。因此，各物理力之间的比例关系应以惯性力为一方，分别以它对其他各物理力的比例来表示。在两种相似的流动里，这种比例应保持固定不变。

现在推导各种作用力的表达式和表征动力相似的准数（准则）。

已知惯性力等于质量乘加速度，而质量 m 等于密度 ρ 乘体积 V。在相似现象中，任何两个相应的体积都维持一定的比例关系，即 λ_L^3，因此可以选择流动的某一特征长度的三次方 L^3 来表示某一体积。加速度为

$$a = \frac{\mathrm{d}v}{\mathrm{d}t} = \frac{\partial v}{\partial t} + \frac{\partial v}{\partial s}\frac{\partial s}{\partial t} = \frac{\partial v}{\partial t} + v\frac{\partial v}{\partial s} \tag{10.9}$$

恒定流动中，因为 $\dfrac{\partial v}{\partial t} = 0$，所以加速度可用 $v\dfrac{\partial v}{\partial s}$ 代表。在相似流动中相应的流速都相似，故可以取某一特征流速 v（如断面平均流速）代表其他各处的流速；$\dfrac{\partial v}{\partial s}$ 也可用 $\dfrac{v}{L}$ 来代表，因此，恒定流时惯性力 F_i 可用式（10.10）来表征：

$$F_i \propto \rho L^3 v \frac{v}{L} = \rho v^2 L^2 \tag{10.10}$$

式中　$\rho L^2 v$——单位时间内流过某一断面的质量；

$\rho L^2 v^2$——单位时间内流过某一断面的液体所具有的动量，它的大小反映流动的惯性。

把企图改变运动状态的其他物理力用 F 表示，则各物理力与惯性力之间的比例关系可表示为

$$\frac{F}{\rho L^2 v^2}（无量纲数）$$

定义 $\dfrac{F}{\rho L^2 v^2}$ 为牛顿数，以 Ne 表示。在相似流动中这个比例保持常数，即

$$Ne = \frac{F}{\rho L^2 v^2} = c \tag{10.11}$$

两个相似流动的牛顿数应相等，这是流动相似的重要标志，称为牛顿相似准则（也称相似第一定理）。

这样：

$$\frac{F_p}{\rho_p L_p^2 v_p^2} = \frac{F_m}{\rho_m L_m^2 v_m^2}$$

$$\frac{F_p}{F_m} = \frac{\rho_p}{\rho_m} \left(\frac{L_p^2}{L_m^2} \right) \left(\frac{v_p^2}{v_m^2} \right)$$

即

$$\lambda_F = \lambda_\rho \lambda_L^2 \lambda_v^2 \tag{10.12}$$

式（10.12）表示原型与模型上的两个作用力之比等于两个惯性力的比值。这是由牛顿第二定律（$F = ma$）所描述的两种相似流动现象所应遵循的相似公式。式（10.12）可改写为

$$\frac{\lambda_F}{\lambda_\rho \lambda_L^2 \lambda_v^2} = 1 \tag{10.13}$$

式（10.13）左边变形为

$$\frac{\lambda_F}{\lambda_\rho \lambda_L^2 \lambda_v^2} = \frac{\dfrac{\lambda_F \lambda_L}{\lambda_v}}{\lambda_\rho \lambda_L^3 \lambda_v} = \frac{\lambda_F \lambda_t}{\lambda_m \lambda_v}$$

即

$$\frac{\lambda_F \lambda_t}{\lambda_m \lambda_v} = 1 \tag{10.14}$$

$\dfrac{\lambda_F \lambda_t}{\lambda_m \lambda_v}$ 也称为相似判据（或相似指示数），它与牛顿数一样，是用来判别相似现象的重要标志。因此得出结论：对相似的现象，其相似判据为 1，或相似流动的牛顿数必相等。

$\dfrac{\lambda_F \lambda_t}{\lambda_m \lambda_v} = 1$ 是这一结论的数学表达式。它也可以由描述两种相似流动的牛顿第二定律直接导出。

$$\left. \begin{array}{l} F_p = m_p a_p \quad（原型力） \\ F_m = m_m a_m \quad（模型力） \end{array} \right\} \tag{10.15}$$

由相似的要求，作用在模型和原型对应点上同名力的比值应相等，即合力的比值与惯性力比值相等：

$$\frac{F_p}{F_m}=\frac{m_p a_p}{m_m a_m}$$

$$\lambda_F=\lambda_m\lambda_a$$

因为

$$\lambda_m=\frac{m_p}{m_m}=\frac{\rho_p v_p}{\rho_m v_m}=\lambda_\rho\lambda_L^3$$

$$\lambda_a=\frac{a_p}{a_m}=\frac{\dfrac{v_p}{t_p}}{\dfrac{v_m}{t_m}}=\frac{\dfrac{L_p}{t_p^2}}{\dfrac{L_m}{t_m^2}}=\frac{\lambda_L}{\lambda_t^2}$$

故

$$\lambda_F=\lambda_\rho\lambda_L^3\frac{\lambda_L}{\lambda_t^2}=\lambda_\rho\lambda_L^2\lambda_v^2\left(\text{因为}\ \lambda_v=\frac{\lambda_L}{\lambda_t}\right)$$

即

$$\frac{F_p}{\rho_p L_p^2 v_p^2}=\frac{F_m}{\rho_m L_m^2 v_m^2}=Ne=c$$

将式（10.15）变形为

$$\left.\begin{array}{c}F_p=m_p\dfrac{v_p}{t_p}\\[2mm]F_m=m_m\dfrac{v_m}{t_m}\\[4mm]\dfrac{F_p}{\left(m_p\dfrac{v_p}{t_p}\right)}=1\\[6mm]\dfrac{F_m}{\left(m_m\dfrac{v_m}{t_m}\right)}=1\end{array}\right\}$$

由上式可得

$$\frac{\lambda_F\lambda_t}{\lambda_m\lambda_v}=1$$

$\dfrac{Ft}{mv}$为由各物理量组成的无量纲参数，物理量 F、m、v、t 的相似比尺间的关系是受关系式$\dfrac{\lambda_F\lambda_t}{\lambda_m\lambda_v}=1$约束的。4 个相似比尺中可以任选 3 个，而第 4 个则必须由该式算出。如两个相似的流动，它们由同样的力所引起，若两者质量之比 $\lambda_m=3$，加速度之比 $\lambda_a=\dfrac{\lambda_v}{\lambda_t}=4$，那么只有当两者所受的作用力之比为 $\lambda_F=12$，而不是别的数，才能流动相似。所以，相似流动中的相似比尺是不可能随便选定的，要受描述该流动现象的数学方程式的制约。

对所研究的水流运动来说，作用力有重力、黏滞力、表面张力、弹性力等多种。对某一具体水流现象的模型试验来说，若只受某一单项作用力，故应将其所受的单项作用力代入牛顿数 Ne 中的 F 项，从而求得表示单项作用力相似的动力相似准则，这时 $Ne=\dfrac{F}{\rho L^2 v^2}=c$，式中的 F 仅为某一种作用力，可得到标志其原型与模型相似的一个相似准则，现分述如下。

（1）若作用力为重力时，其大小可用 $\rho g L^3$ 来衡量，把它代入牛顿数中的 F 项，就得到重力与惯性力的比例关系为

$$\frac{\rho L^2 v^2}{F} = \frac{\rho L^2 v^2}{\rho g L^3} = \frac{v^2}{gL}$$

这个数的开方叫弗劳德数，用 Fr 表示：

$$Fr = \frac{v}{\sqrt{gL}} = c \tag{10.16}$$

即在原型和模型中 $Fr_p = Fr_m$，称为重力相似准则，或弗劳德相似准则，其物理意义是：原型与模型中相应点的动能和位能的比例关系必须保持不变。

（2）作用力为黏滞力，根据 $F = \mu A \dfrac{\mathrm{d}u}{\mathrm{d}n}$，黏滞力大小可用 $F = \mu L^2 \dfrac{v}{L} = \mu L v$ 来衡量，代入式（10.11）中得

$$\frac{\mu}{\rho L v} = c$$

这个数的倒数称为雷诺数，以 Re 表示，它表征水流中惯性力与黏滞力之比，这时

$$\frac{\mu}{\rho L v} = \frac{1}{Re}$$

$$Re = \frac{Lv}{\dfrac{\mu}{\rho}} = \frac{Lv}{v} = c \tag{10.17}$$

即在原型与模型中 $Re_p = Re_m$ 称为黏滞力相似准则，或称雷诺相似准则。

（3）作用力为表面张力。表面张力用 σL 表征，σ 为表面张力系数。由此可得表征水流中惯性力与表面张力之比的韦伯数（Weber Number）为

$$We = \frac{v^2 L}{\dfrac{\sigma}{\rho}} = c \tag{10.18}$$

$We_p = We_m$ 称为表面张力相似准则或称韦伯相似准则。

（4）作用力为弹性力。弹性力用 $K L^2$ 表征，K 为流体的体积弹性系数，可得表征惯性力与弹性力之比的柯西数（Cauchy Number）为

$$Ca = \frac{v^2}{\dfrac{K}{\rho}} = c \tag{10.19}$$

$Ca_p = Ca_m$ 称为弹性力相似准则或称柯西相似准则。

这些相似准则不仅用来判别单项作用力为主的两个水流的相似，而且由这些相似准则可导出各有关的相似比尺关系，以作为模型设计之用；同时这些无量纲的相似准数在处理和分析试验数据方面也是很有用处的，如根据这些相似准数所包含的物理量就可以明确哪些是试验中应测量的物理量等。

上述介绍限于所研究的水流现象为仅有一种作用力的情况，从而推导出惯性力与这一种作用力之比的相似准则，这样可使问题得到简化。上述过程也可以认为是式（10.11）这个最一般化的牛顿相似准则对某些简化了的水流相似运动的具体运用。

但实际水流运动都是比较复杂的，同时作用于水流的不仅仅是一种作用力，而是重力、黏滞力、表面张力等多种作用力的组合，有的流动现象还涉及热力学、多相流动等复杂因素。这样，导出的相似准数就有好几个，这就是说两种相似的液流运动要同时受相应好几个相似准则的约束，这就导致了模型试验在实践中的困难，这个问题将在后面讨论。

水流运动可以用微分方程表达，故水流运动的相似也可以从表达运动的微分方程出发来分析，这就是相似第二定理——准数方程。下面以液流为例来加以说明。

描述两个不可压缩黏性流体相似流动的纳维-斯托克斯方程如下：

在 X 方向：

$$\frac{\partial u_{xp}}{\partial t_p} + u_{xp}\frac{\partial u_{xp}}{\partial x_p} + u_{yp}\frac{\partial u_{xp}}{\partial y_p} + u_{zp}\frac{\partial u_{xp}}{\partial z_p} = X_p - \frac{1}{\rho}\frac{\partial p_p}{\partial x_p} + v_p\,\nabla^2 u_{xp} \tag{10.20}$$

$$\frac{\partial u_{xm}}{\partial t_m} + u_{xm}\frac{\partial u_{xm}}{\partial x_m} + u_{ym}\frac{\partial u_{xm}}{\partial y_m} + u_{zm}\frac{\partial u_{xm}}{\partial z_m} = X_m - \frac{1}{\rho}\frac{\partial p_m}{\partial x_m} + v_m\,\nabla^2 u_{xm} \tag{10.21}$$

两个相似流动之间存在各种比尺关系为

$$\lambda_\rho = \frac{\rho_p}{\rho_m}, \quad \lambda_\nu = \frac{\nu_p}{\nu_m}$$

$$\lambda_p = \frac{p_p}{p_m}, \quad \lambda_g = \frac{g_p}{g_m} = \frac{X_p}{X_m}$$

$$\lambda_u = \frac{u_{xp}}{u_{xm}} = \frac{u_{yp}}{u_{ym}} = \frac{u_{zp}}{u_{zm}}$$

$$\lambda_t = \frac{t_p}{t_m}, \quad \lambda_L = \frac{L_p}{L_m}$$

将这些比例关系代入式（10.20）得

$$\left(\frac{\lambda_u}{\lambda_t}\right)\frac{\partial u_{xm}}{\partial t_m} + \left(\frac{\lambda_u^2}{\lambda_L}\right)\left(u_{xm}\frac{\partial u_{xm}}{\partial x_m} + u_{ym}\frac{\partial u_{xm}}{\partial y_m} + u_{zm}\frac{\partial u_{xm}}{\partial z_m}\right)$$

$$= \lambda_t X_m - \left(\frac{\lambda_p}{\lambda_\rho\lambda_L}\right)\frac{1}{\rho_m}\frac{\partial p_m}{\partial x_m} + \left(\frac{\lambda_v\lambda_u}{\lambda_L^2}\right)v_m\,\nabla^2 u_{xm} \tag{10.22}$$

若这两个流动相似，则式（10.21）与式（10.22）对应项成比例而且比值应相等：

$$\frac{\lambda_u}{\lambda_t} = \frac{\lambda_u^2}{\lambda_L} = \lambda_g = \frac{\lambda_p}{\lambda_\rho\lambda_L} = \frac{\lambda_v\lambda_u}{\lambda_L^2} \tag{10.23}$$

用第二项遍除各项，得各项比值恒等于 1，即

$$\frac{\lambda_L}{\lambda_t\lambda_u} = \frac{\lambda_g\lambda_L}{\lambda_u^2} = \frac{\lambda_p}{\lambda_\rho\lambda_u^2} = \frac{\lambda_v}{\lambda_L\lambda_u} = 1 \tag{10.24}$$

若将各比尺关系代入式（10.24），以平均流速 v 代替 u，则可写成以下形式

$$\frac{L_p}{v_p t_p} = \frac{L_m}{v_m t_m}, \quad \frac{v_p^2}{g_p L_p} = \frac{v_m^2}{g_m L_m}$$

$$\frac{v_p L_p}{v_p} = \frac{v_m L_m}{v_m}, \quad \frac{p_p}{\rho_p v_p^2} = \frac{p_m}{\rho_m v_m^2}$$

上式中各个无量纲数都是相似准数，所以在相似流动中，各个相似准数必互等，也就是 $\dfrac{L}{vt}$、$\dfrac{v^2}{gL}$、$\dfrac{vL}{v}$、$\dfrac{p}{\rho v^2}$ 都恒等。这就是表征液流相似的 4 个无量纲的相似准数。其各自的名

称为

$$\begin{cases} \dfrac{v}{\sqrt{gL}} = Fr, & \text{弗劳德准数} \\[2mm] \dfrac{vL}{v} = Re, & \text{雷诺准数} \\[2mm] \dfrac{L}{vt} = Sr, & \text{斯特劳哈尔准数或称时间准数} \\[2mm] \dfrac{p}{\rho v^2} = Eu, & \text{欧拉准数} \end{cases}$$ （10.25）

由上述 4 式知，纳维-斯托克斯方程所描述的两个不可压缩黏性流体的液流要保持相似，则上列 4 个相似准数必相等。今要 4 个准数同时满足相等的要求，即表明各准数之间一定存在着某种函数关系，可写为

$$f(Fr, Re, Sr, Eu) = 0$$ （10.26）

这就是相似的准数方程。

现在对 Sr 与 Eu 加以说明：斯特劳哈尔数（Strouhal Number）$Sr = \dfrac{L}{vt}$ 来源于加速度 $\dfrac{\partial u_x}{\partial t}$ 所表示的惯性力作用，它是表征流动非恒定性的准数。对恒定流动此准数将不起作用；欧拉数（Euler Number）$Eu = \dfrac{p}{\rho v^2}$ 表征压力与惯性力的比值。在不可压缩流体中，起作用的是压差 Δp，而不是压强绝对值。因此对相似流动可写成

$$Eu = \dfrac{\Delta p}{\rho v^2}$$

式（10.26）中没有 We 准数与 Ca 准数，这是因为微分方程式（10.20）、式（10.21）中没有考虑表面张力和压缩性的作用。

由表述不同水流现象的数学方程式均可得出相似准数方程，并从而求出相似比尺关系。

如果表述水流现象的数学方程式事先并不知道，则可应用量纲分析法，如 π 定理，求出有关物理量的无量纲准数或相似准数方程。

4. 边界条件相似

边界条件相似就是要求两个水流边界上约束流动的条件相同。如流场进出口断面的流动情况及边界的性质，如固体边界及其粗糙程度和自由水面等流动条件相同。若原型水流具有固体边界，模型中相应的位置也应有固体边界；原型水流具有自由水面，模型水流也应具有自由水面。

综上所述，要保证模型和原型水流相似，必须由同样的微分方程来描述；同时还要保证几何条件、边界条件、初始条件（即现象开始时刻的流动情况）相似。我们知道，对于某个具体水流来说，虽然同时作用着各种不同性质的力，但是它们对水流运动的影响并不是一样的，总有一种或两种力居于支配地位，它们决定着水流的运动状态。在模型试验中，只要使其中主导作用的力满足相似条件，就能够基本上反映出水流的运动状态。

10.4 相似原理的应用

前面已指出：要使两个流动现象相似，其相似的准数必须相等。如果要同时满足几个相似准数都相等，在实际中是困难的。因此，在进行模型试验时，通常根据具体情况，抓住主要矛盾，使主要的准数保持相等，兼顾或忽略次要准数的相等。实践证明，保证研究现象的主要方面相似（或称近似相似）是能够满足实际问题所要求的精度的。下面通过一些实例来说明如何应用前述相似原理来指导试验和将试验结果推广到原型中去。

10.4.1 重力相似准则

应用条件：凡有自由水面并且允许水面上下自由变动的各种流动，如坝、堰溢流，闸孔出流及明渠流动等，都是重力起主要作用的流动。在这类流动中，弗劳德数就是主要的条件准数。弗劳德数相等就是重力作用的相似。

各种物理量的比尺推导如下：

由原型、模型的弗劳德数相等即

$$Fr_m = Fr_p$$

得

$$\frac{v_m}{\sqrt{g_m L_m}} = \frac{v_p}{\sqrt{g_p L_p}}$$

由于原型与模型都在地球上，认为重力加速度变化不大。故 $g_m = g_p$，即 $\lambda_g = 1$。由

$$\frac{\lambda_v}{\lambda_g^{\frac{1}{2}} \lambda_L^{\frac{1}{2}}} = 1$$

所以

$$\lambda_v = \lambda_L^{\frac{1}{2}} = \lambda_L^{0.5} \tag{10.27}$$

流量比尺为

$$\lambda_Q = \frac{Q_p}{Q_m} = \frac{A_p v_p}{A_m v_m} = \lambda_L^2 \lambda_v = \lambda_L^{2.5} \tag{10.28}$$

时间比尺为

$$\lambda_t = \frac{t_p}{t_m} = \frac{L_p/v_p}{L_m/v_m} = \lambda_L / \lambda_v = \lambda_L^{0.5} \tag{10.29}$$

力的比尺为

$$\lambda_F = \frac{F_p}{F_m} = \frac{M_p a_p}{M_m a_m} = \frac{\rho_p V_p \left(\frac{dv}{dt}\right)_p}{\rho_m V_m \left(\frac{dv}{dt}\right)_m} = \lambda_\rho \lambda_L^3$$

若 $\lambda_\rho = 1$（原型、模型同用水），则

$$\lambda_F = \lambda_L^3 \tag{10.30}$$

压强比尺

$$\lambda_p = \frac{\lambda_F}{\lambda_A} = \frac{\lambda_\rho \lambda_L^3}{\lambda_L^2} = \lambda_\rho \lambda_L$$

若 $\lambda_\rho = 1$ 时，压强的比尺为

$$\lambda_p = \lambda_L \tag{10.31}$$

功的比尺为

$$\lambda_W = \lambda_F \lambda_L = \lambda_\rho \lambda_L^4$$

若 $\lambda_\rho = 1$ 时，功的比尺为

$$\lambda_W = \lambda_L^4 \tag{10.32}$$

功率比尺为

$$\lambda_N = \frac{\lambda_F \lambda_L}{\lambda_t} = \frac{\lambda_\rho \lambda_L^4}{\lambda_L^{0.5}} = \lambda_\rho \lambda_L^{3.5} \tag{10.33}$$

当 $\lambda_\rho = 1$ 时：　　　　$\lambda_N = \lambda_L^{3.5}$

10.4.2　阻力相似准则

阻力可表示为

$$T = \tau_0 \chi L \tag{10.34}$$

式中　T——阻力；

　　　τ_0——单位面积上的阻力；

　　　χ——湿周；

　　　L——流程长度。

把式（10.34）代入式（10.13）得

$$\frac{\tau_{0p} \chi_p L_p}{\tau_{0m} \chi_m L_m} = \frac{\rho_p L_p^2 v_p^2}{\rho_m L_m^2 v_m^2}$$

由于 $\tau_0 = \gamma R J$，因为 $R = \dfrac{A}{\chi}$ 而 $\dfrac{A_p}{A_m} = \dfrac{L_p^2}{L_m^2}$。

式中　J——水力梯度。

故

$$\frac{\gamma_p R_p J_p L_p^2 L_p R_m}{\gamma_m R_m J_m L_m^2 L_m R_p} = \frac{\rho_p L_p^2 v_p^2}{\rho_m L_m^2 v_m^2}$$

即

$$\lambda_\gamma \lambda_J \lambda_L = \lambda_\rho \lambda_v^2$$

$$\frac{\lambda_v^2}{\lambda_g \lambda_L \lambda_J} = 1$$

亦可写成

$$\frac{v_p^2}{g_p L_p J_p} = \frac{v_m^2}{g_m L_m J_m} \tag{10.35}$$

或

$$\frac{Fr_p^2}{J_p} = \frac{Fr_m^2}{J_m} \tag{10.36}$$

式（10.36）为阻力相似准则。由此可见，要阻力相似除保证重力相似所要求的 Fr 相等之外，还必须保持原型与模型水力坡度 J 相等。由此也可得出，如果 $J_m = J_p$，则可用重力准则设计阻力相似的模型，也就是说式（10.27）～式（10.33）各物理量在原型与模型中的比例关系这里都可用。

怎样才能满足式（10.36）呢？不同的流动形态有不同的规律。

（1）在完全紊流区（即阻力平方区）：

$$J = \frac{v^2}{C^2 R}$$

代入式（10.35）得

$$\frac{C_p^2 R_p}{g_p L_p} = \frac{C_m^2 R_m}{g_m L_m}$$

即

$$\frac{\lambda_C^2 \lambda_R}{\lambda_g \lambda_L} = 1$$

因

$$\lambda_R = \lambda_L, \quad \lambda_g = 1$$

故

$$\lambda_C^2 = 1$$

即

$$C_p = C_m \tag{10.37}$$

又因

$$C = \sqrt{\frac{8g}{\lambda}}$$

所以

$$\lambda_p = \lambda_m$$

在阻力平方区

$$\lambda = f\left(\frac{\Delta}{R}\right)$$

$$\frac{\Delta_p}{R_p} = \frac{\Delta_m}{R_m} \tag{10.38}$$

这就是说原型与模型的相对粗糙度相等时，就可以得到原型与模型液流相似，就可用弗劳德准则进行阻力相似模型的设计。

若用曼宁公式

$$C = \frac{1}{n} R^{1/6}$$

$$\lambda_C = \frac{1}{\lambda_n} \lambda_R^{1/6} = 1$$

故

$$\lambda_n = \lambda_L^{1/6} \tag{10.39}$$

这样，按上述比尺选取模型的糙率，就可用弗劳德准则设计阻力相似模型。

应用条件：长隧洞或排水渠道为紊流形态，可用此准则。

（2）液流在层流区。在层流时，阻力主要由液流的黏滞力引起，这时水力坡度为

$$J = \frac{32\mu v}{\gamma D^2} = \frac{2vv}{g R^2}$$

式中　D——圆管直径；

　　　R——水力半径。

将上式代入式（10.35）中

$$左边 = \frac{v_p^2}{g_p L_p J_p} = \frac{v_p^2 g_p R_p^2}{g_p L_p 2 v_p v_p} = \frac{1}{2} \frac{v_p R_p}{v_p} \frac{R_p}{L_p} = \frac{1}{2} Re_p \frac{R_p}{L_p}$$

$$右边 = \frac{1}{2} Re_m \frac{R_m}{L_m}$$

所以

$$\lambda_{Re} \frac{\lambda_R}{\lambda_L} = 1$$

又
$$\lambda_R = \lambda_L$$

所以
$$\lambda_{Re} = 1$$

故
$$Re_m = Re_p$$

这就是说，在黏滞力起主要作用的液流中，要使原型与模型相似，必须使雷诺数相等。

10.4.3　黏滞力相似准则（雷诺准则）

应用条件，重力对流动的机理不起主要作用，流动主要受黏滞力作用。要求
$$Re_m = Re_p$$

即
$$\frac{v_p L_p}{\dfrac{\mu_p}{\rho_p}} = \frac{v_m L_m}{\dfrac{\mu_m}{\rho_m}}$$

一般情况下，原型与模型中都是同一种流体，如水（温度也相同），可认为 $\mu_p = \mu_m$，$\rho_p = \rho_m$，因此按上式就要求
$$\frac{v_p}{v_m} = \frac{L_m}{L_p}$$

这样

速度比尺为
$$\lambda_v = \frac{1}{\lambda_L} \tag{10.40}$$

流量比尺为
$$\lambda_Q = \lambda_A \lambda_v = \lambda_L^2 \frac{1}{\lambda_L} = \lambda_L \tag{10.41}$$

时间比尺为
$$\lambda_t = \frac{\lambda_L}{\lambda_v} = \lambda_L^2 \tag{10.42}$$

力的比尺为
$$\lambda_F = \frac{M_p a_p}{M_m a_m} = \frac{\rho_p V_p a_p}{\rho_m V_m a_m} = \frac{\rho_p V_p \left(\dfrac{dv}{dt}\right)_p}{\rho_m V_m \left(\dfrac{dv}{dt}\right)_m}$$

$$= \lambda_\rho \lambda_L^3 \lambda_{\frac{dv}{dt}} = \lambda_\rho \lambda_L^3 \frac{\lambda_v}{\lambda_t} = \lambda_\rho \frac{\lambda_L^3}{\lambda_L^3} = \lambda_\rho \tag{10.43}$$

当 $\lambda_\rho = 1$ 时
$$\lambda_F = 1$$

压强比尺为
$$\lambda_p = \frac{\lambda_F}{\lambda_A} = \frac{\lambda_\rho}{\lambda_L^2} = \lambda_\rho \lambda_L^{-2}$$

当 $\lambda_\rho = 1$ 时
$$\lambda_p = \lambda_L^{-2} \tag{10.44}$$

功的比尺为
$$\lambda_W = \lambda_F \lambda_L = \lambda_\rho \lambda_L \tag{10.45}$$

当 $\lambda_\rho = 1$ 时
$$\lambda_W = \lambda_L$$

功率比尺为
$$\lambda_N = \frac{\lambda_F \lambda_L}{\lambda_t} = \frac{\lambda_\rho \lambda_L}{\lambda_L^2} = \lambda_\rho \lambda_L^{-1}$$

当 $\lambda_\rho = 1$ 时

$$\lambda_N = \lambda_L^{-1} \tag{10.46}$$

对于具有自由表面的河渠流动，由于它同时受重力和黏滞力的作用，从理论上就要求同时满足弗劳德准则、雷诺准则，才能保证原型和模型的流动相似。但由弗劳德准则要求 $\lambda_v = \lambda_L^{0.5}$，而雷诺准则要求 $\lambda_v = \dfrac{1}{\lambda_L}$，所以两者不能同时得到满足，唯一的出路是用不同的液体。使

$$\frac{\lambda_v}{\lambda_g^{\frac{1}{2}}\lambda_L^{\frac{1}{2}}} = \frac{\lambda_v \lambda_L}{\lambda_v}$$

所以

$$\lambda_v = \lambda_L^{1.5} \tag{10.47}$$

这就要求能找到一种模型试验用的液体，其运动黏滞系数 v_m 应是原型的 v_p 的 $\dfrac{1}{\lambda_L^{1.5}}$ 倍，才能同时满足弗劳德准则和雷诺准则。要同时满足上述两个准则，在实际上几乎不可能，除非 $\lambda_L = 1$，但这又失去模型试验的意义了。

在工程上，为解决这一问题，就要求对黏滞力的作用和影响作具体深入的分析。当雷诺数较小时，流动为层流形态，那么黏滞力作用相似要求雷诺数相等；当雷诺数大到一定程度时，紊流形态得到充分发展，阻力相似并不要求雷诺数相等，而与雷诺数无关。只考虑弗劳德数即可。例如在长排水隧洞中，要求阻力相似只要满足 $\lambda_n = \lambda_L^{\frac{1}{6}}$ 即可按重力准则进行设计。这个例子说明，只有深入了解流动的特性与规律，才能更好地运用相似原理。

10.4.4 弹性力相似准则

弹性力的相似要求柯西（Ca）数相等，即

$$\frac{\rho_p v_p^2}{K_p} = \frac{\rho_m v_m^2}{K_m}$$

应用条件：像水击现象那种液体压缩性起作用的流动才有用。

上式中的 $\dfrac{K}{\rho} = c^2$，此处 c 为声音在液体中的传播速度。

所以

$$Ca = \frac{v^2}{c^2} \tag{10.48}$$

将式（10.48）开方得

$$Ma = \frac{v}{c} \tag{10.49}$$

式中　Ma——马赫数（Mach Number），在空气动力学中，当流速接近或超过音速时，要使流动相似就要求马赫数相等。

10.4.5 表面张力相似准则

一般水力模型中表面流速大于 0.23m/s，水深大于 3cm 时，表面张力的影响可予忽略。只有在流动规模甚小，以致表面张力作用显著时该准则才用。当研究水股扩散为水滴和液流出现空泡现象时常用。

表面张力相似要求模型、原型韦伯数（We）相等。

$$\frac{\rho_p L_p v_p^2}{\sigma_p} = \frac{\rho_m L_m v_m^2}{\sigma_m} \tag{10.50}$$

10.4.6　局部惯性力相似准则

应用条件：非恒定流动，当地加速度 $\left(\dfrac{\partial v}{\partial t}\right)$ 不等于零。

在非恒定流动中，要求流动相似，就要求斯特劳哈尔数相等，即

$$\frac{v_p t_p}{L_p} = \frac{v_m t_m}{L_m} \tag{10.51}$$

或

$$\lambda_t = \frac{t_p}{t_m} = \frac{L_p v_m}{L_m v_p} = \frac{\lambda_L}{\lambda_v}$$

如果 λ_v 由弗劳德准则确定，即

$$\lambda_v = \sqrt{\lambda_L}$$

则

$$\lambda_t = \frac{\lambda_L}{\sqrt{\lambda_L}} = \sqrt{\lambda_L} \tag{10.52}$$

在原型流动中，在时间 t_p 内发生的变化，在模型中必须在 $t_m = \dfrac{t_p}{\lambda_t} = \dfrac{t_p}{\sqrt{\lambda_L}}$ 时间内完成。

10.4.7　压力相似准则

流动中压强差的相似要求欧拉数（Eu）相等，即

$$\frac{\Delta p_p}{\rho_p v_p^2} = \frac{\Delta p_m}{\rho_m v_m^2} \tag{10.53}$$

在相似流动中，压强场必须相似，但压强场相似是流动相似的结果。根据流动的相似条件，可以得出压强场取决于流动边界的形状和性质以及各条件准数相等。用数学式可以表示为

$$Eu = \varphi(Fr, Re, Ca, Sr, \cdots) \tag{10.54}$$

一般情况下，表面张力、弹性力的影响可以忽略，在恒定流动情况下，就可得到与式（10.26）相同的形式

$$Eu = \varphi_1(Fr, Re)$$

已知模型比尺为 λ_L，原型、模型都为同一流体，由相似原理可导出按不同相似准数设计模型时各物理量的比尺，见表 10.1。

表 10.1　　　　　　　　　　不同的相似准数各物理量模型比尺

物理量	$Fr = \dfrac{v}{\sqrt{gL}}$ （$\lambda_\rho = 1$，$\lambda_g = 1$）	$Re = \dfrac{vL}{v}$ （$\lambda_\rho = 1$，$\lambda_v = 1$）	$We = \dfrac{\rho L v^2}{\sigma}$ （$\lambda_\rho = 1$，$\lambda_\sigma = 1$）
流速	$\lambda_L^{0.5}$	λ_L^{-1}	$\lambda_L^{-0.5}$
流量	$\lambda_L^{2.5}$	λ_L	$\lambda_L^{1.5}$
时间	$\lambda_L^{0.5}$	λ_L^2	$\lambda_L^{1.5}$
力	λ_L^3	λ_L^0	λ_L
压强	λ_L	λ_L^{-2}	λ_L^{-1}
功	λ_L^4	λ_L	λ_L^2
功率	$\lambda_L^{3.5}$	λ_L^{-2}	$\lambda_L^{0.5}$

【例 10 - 1】 溢流坝的最大下泄流量为 $100\mathrm{m^3/s}$，取比尺 $\lambda_L=25$ 的模型进行试验，试求模型中最大流量为多少？如在模型中测得坝上水头 H_m 为 8cm，测得模型坝脚处收缩断面流速 v_m 为 1m/s，试求原型情况下相应的坝上水头和收缩断面流速各为多少？

已知：$\lambda_L=25$，$v_\mathrm{m}=1\mathrm{m/s}$，$Q_\mathrm{p}=100\mathrm{m^3/s}$，$H_\mathrm{m}=8\mathrm{cm}$。求：$Q_\mathrm{m}$、$v_\mathrm{p}$、$H_\mathrm{p}$。

解： 为了使模型能与原型水流相似，首先必须做到几何相似。由于溢流现象中起作用的是重力，其他作用力，如黏滞力和表面张力等均可忽略，故要使模型系统与原型系统保持相似，必须满足重力相似准则。

根据重力相似准则，流量比尺为

$$\lambda_Q=\lambda_L^{2.5}=25^{2.5}=3125$$

则模型中的流量为

$$Q_\mathrm{m}=\frac{Q_\mathrm{p}}{\lambda_Q}=\frac{100}{3125}=0.032\,(\mathrm{m^3/s})$$

因为

$$\lambda_L=\frac{H_\mathrm{p}}{H_\mathrm{m}}$$

所以

$$H_\mathrm{p}=\lambda_L H_\mathrm{m}=25\times8=200\,(\mathrm{cm})=2.0\,(\mathrm{m})$$

又

$$\lambda_v=\lambda_L^{0.5}=\sqrt{25}=5.0$$

故收缩断面处原型流速为

$$v_\mathrm{p}=\lambda_v v_\mathrm{m}=5.0\times1=5.0\,(\mathrm{m/s})$$

【例 10 - 2】 轮船的螺旋桨按长度比尺为 4 做成模型，在水面下进行试验，选定相似准则并求出速度比尺、转速比尺和推力比尺。

已知：$\lambda_L=4$。求 λ_v、λ_F、λ_ω。

解 分析受力情况，螺旋桨在水下运动，受黏滞力作用；水面引起波动受重力的影响；当模型不是太小时表面张力可以忽略。

一个模型要做到同时满足弗劳德准则和雷诺准则相似是很困难的。这就要求模型中采用一种符合 $\lambda_v=\lambda_L^{\frac{3}{2}}=4^{\frac{3}{2}}=8$，$v_\mathrm{m}=v_\mathrm{p}/8$ 的液体，模型中要用等于 1/8 水的黏滞数的液体来做试验，这实际上是做不到的。

但已知原型螺旋桨转动时，流动的雷诺数已足够大，模型中的阻力和雷诺数无关，可按重力相似准则设计模型。

因此，速度比尺为

$$\lambda_v=\lambda_L^{0.5}=4^{0.5}=2$$

因为

$$v=\omega R$$

所以转速 $\omega=\dfrac{v}{R}$，转速比尺为

$$\lambda_\omega=\frac{\lambda_v}{\lambda_L}=\frac{2}{4}=0.5$$

又

$$F=ma=\frac{mv^2}{R}=\rho V\frac{v^2}{R}$$

故力的比尺为

$$\lambda_F=\lambda_\rho\lambda_L^3=1\times4^3=64$$

【例 10 - 3】 有一圆管直径为 20cm，输送 $v=0.4\mathrm{cm^2/s}$ 的油液，流量为 $0.012\mathrm{m^3/s}$。若

在实验室中用 5cm 直径的圆管做模型试验，假如采用（1）20℃的水或（2）空气（$\upsilon =$ 0.17cm²/s），则模型流量各为多少才能满足黏滞力作用的相似？

已知：$d_p = 20cm$，$d_m = 5cm$，$\upsilon_p = 0.4cm^2/s$，$\upsilon_{m1} = 0.01003cm^2/s$（20℃的水），$Q_p = 0.012m^3/s$，$\upsilon_{m2} = 0.17cm^2/s$（空气）。求：$Q_{m1}$、$Q_{m2}$。

解　若满足黏滞力作用相似，则必有 $Re_m = Re_p$。即

$$\frac{v_p d_p}{\upsilon_p} = \frac{v_m d_m}{\upsilon_m}$$

所以　　$v_{m1} = \dfrac{v_p d_p}{\upsilon_p} \dfrac{\upsilon_{m1}}{d_{m1}} = \dfrac{12\times 10^3 \left/ \left(\pi \dfrac{20^2}{4}\right) \times 20 \times 0.01003\right.}{0.4 \times 5} = 3.83(cm/s)$

$$Q_{m1} = A_m v_{m1} = \frac{\pi}{4} \times 5^2 \times 3.83 = 75.2(cm^3/s)$$

$$v_{m2} = \frac{12\times 10^3 \left/ \left(\pi \dfrac{20^2}{4}\right) \times 20 \times 0.17\right.}{0.4 \times 5} = 64.97(cm/s)$$

$$Q_{m2} = \frac{\pi}{4} \times 5^2 \times 64.97 = 1275.0(cm^3/s)$$

【例 10-4】　一混凝土溢流坝，下泄设计流量为 $Q_p = 4000m^3/s$，拟通过模型试验来研究其水力特性。已知实验室中仅有一台能提供流量为 0.040m³/s 的水泵，又根据经验，溢流坝的模型长度比尺 λ_L 以 30～60 为宜，试确定合适的模型几何比尺与应采取的措施。

解　由于溢流坝的泄水道长度较短，可以只考虑重力为主要作用力，按弗劳德准则设计模型。根据流量比尺 $\lambda_Q = \lambda_L^{\frac{5}{2}}$ 的关系，可按现有模型流量 $Q_m = 0.040m^3/s$ 反求模型的最大几何比尺。

$$\lambda_L = \frac{L_p}{L_m} = \left(\frac{Q_p}{Q_m}\right)^{\frac{2}{5}} = \left(\frac{4000000}{40}\right)^{\frac{2}{5}} = 100$$

但按 $\lambda_L = 100$ 的缩制比尺又偏小了，不满足要求。因此取长度比尺 $\lambda_L = 60$ 来设计模型，这样所需模型流量为

$$Q_m = \frac{Q_p}{\lambda_L^{2.5}} = \frac{4000}{60^{2.5}} = 0.143(m^3/s)$$

一台水泵只能提供 0.040m³/s 的流量，尚需增设可提供 0.14-0.04 = 0.1(m³/s) 流量的水泵。

10.5　水　工　模　型　设　计

10.5.1　水工模型的设计方法

（1）分析受力情况，决定模型设计主要依据的相似准则，对于水工建筑物来讲一般主要受重力作用，在隧洞的设计时还要考虑紊流阻力。

（2）根据实验室的供水流量和场地大小来决定满足相似条件的模型比尺。例如，一个主要为重力作用的水流，原型流量为 600m³/s，初步选定 λ_L 为 25，则 $\lambda_Q = \lambda_L^{2.5} = 25^{5/2} = 3125$，

模型流量为 $Q_m = \dfrac{600}{3125} = 0.19(\text{m}^3/\text{s})$。如果实验室供水设备不能供给这么大的流量，就应加大 λ_L 使模型流量减小。例如我们实验室只能提供 $Q_m = 0.1\text{m}^3/\text{s}$，这时要求：

$$\lambda_Q = \frac{600}{0.10} = 6000, \quad \lambda_L = \lambda_Q^{\frac{2}{5}} = 6000^{\frac{2}{5}} = 32.45 \approx 35$$

同样模型比尺还受到场地的限制，例如，200m 高坝，$\lambda_L = 25$，$P_m = 8\text{m}$，场地只有 6m，故 λ_L 应取 40。

（3）比尺确定以后，仔细检验这个选定的比尺，看其是否满足下列各种相似条件，如不满足就要重新修正比尺。

1）如果原型是紊流，则模型中的液流也应是紊流，即 $Re_m = Re_p$，在设计河道模型中应选择几个流速特别小的断面，进行校核。

2）原型中水流是缓流或急流，模型中亦应为缓流或急流。

3）在阻力相似的模型中，应该保证粗糙系数相似，并检验是否在阻力平方区。例如：

$n_p = 0.016$，$\lambda_L = 25$，这样选择 $\lambda_n = \lambda_L^{\frac{1}{6}} = 25^{\frac{1}{6}} = 1.71$，$n_m = 0.0094$。

一是看这样小的糙率可否有相应的材料，此例可用有机玻璃制作模型，但这样小的粗糙系数必须检验流动是否在阻力平方区。

在实际设计时，只要条件、场地许可，希望选用的比尺小一些，即模型可做得大一些。

4）如果在原型中发生空穴和气蚀，在模型中的对应地方也应该发生空穴和气蚀。

5）关于表面张力的影响一般在模型流速大于 0.23m/s，水深大于 3cm，就可以不考虑表面张力的影响。

10.5.2 水工模型试验的种类

1. 按模型的几何相似性来区别

（1）正态模型。在空间 3 个方向的尺度采用同一长度比尺 λ_L，因而与原型完全几何相似的模型，称正态模型。

（2）变态模型。在空间 3 个方向的尺度采用不同的长度比尺，因而与原型几何上不完全相似的模型，称为变态模型。

2. 按模型模拟的范围来区分

（1）整体模型。

（2）半整体模型。

（3）局部模型。

（4）断面模型。

3. 按床面性质区分

（1）定床模型。

（2）动床模型。

10.6 对水工模型试验的评价

水力模型试验不仅用于验证理论，修改工程设计，它还与水力学的发展有着不可分割的关系。在水力设计中，许多理论分析和计算公式都是以试验资料为基础的。有些内容尽管在理论上已研究得比较深入，但它的一些系数仍然依赖于试验结果。例如管路中的沿程损失计算公式。有些内容，则是半经验半理论的，例如消能工中的消力池公式等。一些经验公式、图表都是在大量的实验资料的基础上通过分析取得的。

（1）水力模型试验的优点如下：

1）可简化自然现象。自然现象的影响因素复杂而且相互牵连，通过试验可以抓住主要因素，忽略影响不大的次要因素，从而使复杂问题得到简化。

2）可重复显示水力现象。对于同样的水力现象，在天然情况下出现或重复一次可能要许多年，而在模型试验中可多次重复进行，便于研究。

3）有些设计条件在天然情况下往往不容易得到，在试验中可严格按照设计条件进行控制，从而可以进行合理的设计和发现存在的问题。

4）创造一些特定的条件以预示将来的情况（例如：百年一遇，千年一遇洪水的情况）和摸索变化的规律。

（2）水力模型试验的缺点如下：

1）不能完全模拟自然条件，只能反映出主要规律和近似模拟原型，因此必然有误差。

2）由于模拟理论本身的不完善，使得模型与原型不能完全相似，因此从模型换算到原型有一定的误差。为了进一步验证工程设计的正确性，工程完成以后，常常需要进行原型观测，以进一步验证设计和模型试验成果的正确性。

习　题

10-1　一座溢流坝如图 10.1 所示，泄流量为 $250\text{m}^3/\text{s}$，现按重力相似准则设计模型。如实验室供水流量仅有 $0.08\text{m}^3/\text{s}$，试为这个模型选取几何比尺；原型坝高 $a_p=30\text{m}$，坝顶水头 $H_p=4\text{m}$，问模型最高为多少（H_m+a_m）？

10-2　采用长度比尺为 20 的模型来研究平板闸门下出流情况，如图 10.2 所示，流动的主要作用力为重力。试求：

（1）如原型闸门前水深 $H_p=4\text{m}$，模型中相应的水深为多少？

（2）如模型中量得的收缩断面平均流速 $v_m=2.0\text{m}/\text{s}$，流量 $Q_m=0.045\text{m}^3/\text{s}$，则原型中的相应流速和流量各为多少？

（3）模型中测得水流作用在闸门上的力 $P_m=78.5\text{N}$，原型中作用力应是多少？

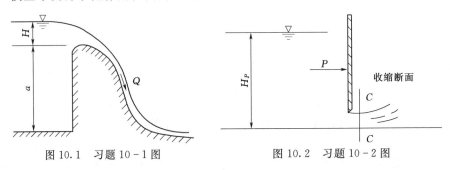

图 10.1　习题 10-1 图　　　　　图 10.2　习题 10-2 图

10-3　在实验室内按长度比尺 $\lambda_L=25$ 制成的几何相似的实用堰模型如图 10.3 所示，

进行试验,根据重力相似要求,试确定:(1)当原型中堰上水头 H_p 为 5m 时,求模型中的 H_m 值;(2)模型中的流量 $Q_m = 0.19\text{m}^3/\text{s}$,原型中的流量 $Q_p = ?$(3)在模型中量得堰顶真空度为 200mm 水柱,求原型的真空度。

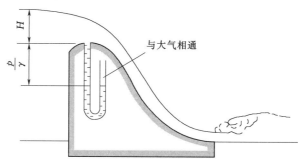

图 10.3 习题 10-3 图

10-4 长度比尺 $\lambda_L = 40$ 的船舶模型,在水池中以 1m/s 的速度牵引前进时,测得波浪阻力为 0.02N。求原型中波浪力、原型中的船舶航行速度,以及原型中需要相应的功率是多少。重力为主要作用力。

10-5 水平管道中的油液,以平均流速为 3m/s 流动,在管径为 7.5cm,长为 12m 的管道上,压强差为 1.4N/cm²。现在用一根直径为 2.5cm 几何相似的水平管作为模型,管中流动的是汽油(20℃),已知 $\upsilon_m = 0.006\text{cm}^2/\text{s}$,$\rho_m = 670\text{kg}/\text{m}^3$。求:(1)模型流速。(2)4m 长模型上的压强差。(油液的运动黏滞系数 $\upsilon = 0.4\text{cm}^2/\text{s}$)

10-6 为了测定 6cm 直径阀门的局部阻力系数 $\zeta = \dfrac{\Delta p}{\dfrac{\rho \upsilon^2}{2}}$,采用 3cm 直径、几何相似的

阀门做模型,而且用 30℃大气代替原型用油。如果原型中油的流速范围是 1~2.5m/s,那么气流的流量范围该是多少?已知 30℃空气的 $\upsilon = 1.60 \times 10^{-5}\text{ m}^2/\text{s}$,原型油的 $\upsilon = 4.00 \times 10^{-5}\text{ m}^2/\text{s}$。

10-7 一直径为 15cm 的输油管,长度为 10m,管中要通过的流量为 0.18m³/s,现用水来做模型试验,当模型管径和原型一样,水温为 10℃(原型用油的运动黏滞系数 $\upsilon_p = 0.13\text{cm}^2/\text{s}$),问水的模型流量应为多少才能达到相似?若测得 10m 长模型输水管两端的压强水头差为 6cm,试求在 500m 长输油管两端的压强差应为多少?(用油柱高表示)

10-8 以 1.5m/s 的速度拖曳一个船舶模型,所需的力为 9N,如果原型船舶航行主要受力分别为下列情况之一时:(1)重力;(2)黏滞力;(3)表面张力,设长度比尺为 50,试分别计算原型船舶的相应速度和所需的力。

实验 10.1 模 型 设 计

某泄水建筑物,其几何尺寸如图 10.4 和图 10.5 所示。泄洪水位为 H_p,隧洞的糙率为 n_p。

(1)当隧洞在满流情况下,计算泄水建筑物中通过的流量 Q_p。

(2)长度比尺为 25,按重力相似准则与阻力相似准则设计模型。绘出模型实验装置图,

注明尺寸，计算出 H_m、Q_m。

（3）在实验室里用有机玻璃制作模型进行试验，校核流量计算是否合理。有机玻璃的糙率为 n_m，问是否满足原型设计要求。测量脉动压力并换算到原型。

（4）编写试验报告的要求。

1）实验报告名称。

2）实验目的与要求。

3）模型设计。

4）测量设备。

5）实验结果分析。

6）结论意见。

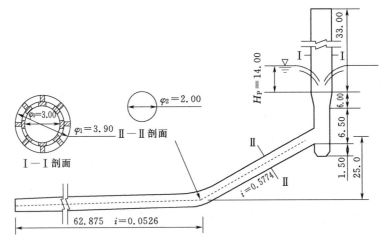

图 10.4　塔、斜井联合形式泄洪系统（单位：m）

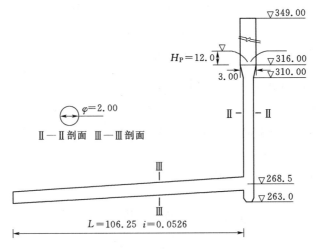

图 10.5　塔、竖井联合形式泄洪系统（单位：m）

附　　录

水力学中常见物理量的单位和量纲表

物理量	符号	国际单位制（SI）			
		量纲	单位名称	中文代号	单位符号
长度	L、b、h	$[L]$	米	米	m
质量	m	$[M]$	千克（公斤）	千克（公斤）	kg
时间	T	$[T]$	秒	秒	s
面积	A	$[L^2]$	平方米	米^2	m^2
体积	V	$[L^3]$	立方米	米^3	m^3
速度	v、u	$[LT^{-1}]$	米每秒	米/秒	m/s
角速度	ω	$[T^{-1}]$	弧度每秒	弧度/秒	rad/s
加速度	a	$[LT^{-2}]$	米每秒平方	米/秒^2	m/s^2
频率	f	$[T^{-1}]$	赫兹	赫	Hz
密度	ρ	$[L^{-3}M]$	千克每立方米	千克/米^3	kg/m^3
力	F	$[LMT^{-2}]$	牛顿	千克·米/秒^2	kg·m/s^2
容重	γ	$[L^{-2}MT^{-2}]$	牛顿每立方米	牛/米^3	N/m^3
冲量	I	$[LMT^{-1}]$	牛顿秒	牛·秒	N·s
力矩	M	$[L^2MT^{-2}]$	牛顿米	牛·米	N·m
压强	p	$[L^{-1}MT^{-2}]$	帕斯卡	帕	Pa
弹性模量	E_0	$[L^{-1}MT^{-2}]$	牛顿每平方米	牛/米^2	N/m^2
表面张力	σ	$[MT^{-2}]$	牛顿每米	牛/米	N/m
动力黏滞系数	μ	$[L^{-1}MT^{-1}]$	帕斯卡秒	帕·秒	Pa·s
运动黏滞系数	υ	$[L^2T^{-1}]$	平方米每秒	米^2/秒	m^2/s
功、能	E	$[L^2MT^{-2}]$	焦耳	焦	J
功率	N	$[L^2MT^{-3}]$	瓦特	瓦	W

力 的 单 位 换 算

国际单位制		工程单位制	
牛顿（N）	千牛（kN）	公斤力（kgf）	吨力（tf）
1	0.001	0.102	0.000102
1000	1	102	0.102
9.807	0.009807	1	0.001
9807	9.807	1000	1

附表 3　　　　　　　　　　　　　　　　容 重 的 单 位 换 算

国际单位制		工程单位制	
牛/米³（N/m³）	千牛/米³（kN/m³）	公斤力/米³（kgf/m³）	吨力/米³（tf/m³）
1	0.001	0.102	0.000102
1000	1	102	0.102
9.807	0.009807	1	0.001
9807	9.807	1000	1

附表 4　　　　　　　　　　　　　　　质 量 和 密 度 的 单 位 换 算

质　　　量		密　　　度	
国际单位制	工程单位制	国际单位制	工程单位制
千克（kg）	公斤力·秒²/米（kgf·s²/m）	千克/米³（kg/m³）	公斤力·秒²/米⁴（kgf·s²/m⁴）
1	0.102	1	0.102
9.807	1	9.807	1

附表 5　　　　　　　　　　　　　　　　功 率 的 单 位 换 算

国际单位制		工程单位制	
千瓦（kW）	瓦（W）	公斤力·米/秒（kgf·m/s）	马力（PS）
1	1000	102	1.36
0.001	1	0.102	0.00136
0.009807	9.807	1	0.0133
0.7355	735.5	75	1

注　1W＝1J/s＝1N·m/s。

附表 6　　　　　　　　　　　　　　　　压 强 的 单 位 换 算

用压力单位表示	国际单位制	千牛/米²（千帕 kPa）	1	0.001	101.3	98.07	9.807	0.133
		牛/米²（帕 Pa）	1000	1	101325	98067	9807	133.32
	工程单位制	公斤力/厘米²（kgf/cm²）	0.0102	$1.02×10^{-5}$	1.033	1	0.1	0.00136
		吨力/米²（tf/m²）	0.102	$1.02×10^{-4}$	10.332	10	1	0.0136
	CGS单位制	达因/厘米²（dyn/cm²）	10000	10	$1.103×10^{6}$	$9.807×10^{5}$	98067	1333
		毫巴（mbar）	10	0.01	1013	980.5	98.07	1.333
		巴（bar）	0.01	10^{-5}	1.013	0.9807	0.9807	0.00133
用大气压表示		标准大气压（atm）	0.00987	$9.87×10^{-6}$	1	0.9678	0.09678	0.00132
		工程大气压（at）	0.0102	$1.02×10^{-5}$	1.033	1	0.1	0.00136
用液柱高表示		米水柱高（m 水柱）	0.102	$1.02×10^{-4}$	10.332	10	1	0.0136
		毫米汞柱高（mm 汞柱）	7.50	0.0075	760	735.6	73.56	1

附表 7

t　分　布　表

f	t		
	$\alpha=0.10$	$\alpha=0.05$	$\alpha=0.01$
1	6.314	12.706	63.657
2	2.920	4.303	9.925
3	2.353	3.182	5.841
4	2.132	2.766	4.604
5	2.015	2.571	4.032
6	1.943	2.447	3.707
7	1.895	2.365	3.499
8	1.860	2.306	3.355
9	1.833	2.262	3.250
10	1.812	2.228	3.169
11	1.796	2.201	3.106
12	1.782	2.179	3.055
13	1.771	2.160	3.012
14	1.761	2.145	2.977
15	1.753	2.131	2.947
16	1.746	2.120	2.921
17	1.740	2.110	2.898
18	1.734	2.101	2.878
19	1.729	2.093	2.861
20	1.725	2.086	2.845
21	1.721	2.080	2.831
22	1.717	2.074	2.819
23	1.714	2.069	2.807
24	1.711	2.064	2.797
25	1.708	2.060	2.787
26	1.706	2.056	2.779
27	1.703	2.052	2.771
28	1.701	2.048	2.763
29	1.699	2.045	2.756
30	1.697	2.042	2.750
40	1.684	2.021	2.704
60	1.671	2.000	2.660
120	1.658	1.980	2.617
∞	1.645	1.960	2.576

参 考 文 献

［1］ 刘亚坤. 水力学［M］. 北京：中国水利水电出版社，2016.

［2］ 蔡守允，刘兆衡，张晓红，等. 水利工程模型试验测量技术［M］. 北京：海洋出版社，2008.

［3］ 程香菊，田甜. 水力学实验［M］. 广州：华南理工大学出版社，2017.

［4］ 朱李英. 水力学实验［M］. 郑州：黄河水利出版社，2014.

［5］ 奚斌. 水力学（工程流体力学）实验教程［M］. 北京：中国水利水电出版社，2013.

［6］ 陈艳霞，高建勇，钱波. 水力学实验［M］. 北京：中国水利水电出版社，2012.

［7］ 艾翠玲. 水力学实验教程［M］. 北京：化学工业出版社，2011.

［8］ 倪汉根，刘亚坤. 水工建筑物的空化与空蚀［M］. 大连：大连理工大学出版社，2011.

［9］ 倪汉根，刘亚坤. 击波·水跃·跌水·消能［M］. 大连：大连理工大学出版社，2009.

［10］ 尚全夫，崔莉，王庆国. 水力学实验教程［M］. 大连：大连理工大学出版社，2007.

［11］ 沈恒范. 概率论与数理统计教程［M］. 4版. 北京：高等教育出版社，2003.

［12］ 高迅，刘翠蓉. 工程流体力学实验［M］. 成都：西南交通大学出版社，2004.

［13］ 吴持恭. 水力学［M］. 3版. 北京：高等教育出版社，2003.

［14］ 郭维东，裴国霞，韩会玲. 水力学［M］. 北京：中国水利水电出版社，2005.

［15］ 武汉水利电力学院水力学研究室. 水力计算手册［M］. 2版. 北京：中国水利水电出版社，2006.

［16］ 张志昌. 水力学实验［M］. 北京：机械工业出版社，2006.

［17］ 贺五洲，陈嘉范，李春华. 水力学实验［M］. 北京：清华大学出版社，2004.

［18］ 高云峰，蒋持平，吴鹤华，等. 水力学实验［M］. 北京：清华大学出版社，2003.

［19］ 俞永辉，张桂兰. 流体力学及水力学实验［M］. 上海：同济大学出版社，2003.

［20］ 倪汉根. 高效消能工［M］. 大连：大连理工大学出版社，2000.

［21］ 王世夏. 水工设计的理论和方法［M］. 北京：中国水利水电出版社，2000.